Vereinfachte Berechnung eingespannter Gewölbe

Von

Dr.-Ing. Kögler
Stadtbaumeister und Privatdozent in Dresden

Mit 8 Textfiguren

Springer-Verlag Berlin Heidelberg GmbH 1913

Softcover reprint of the hardcover 1st edition 1913
ISBN 978-3-662-22836-4   ISBN 978-3-662-24769-3 (eBook)
DOI 10.1007/978-3-662-24769-3

Vorwort.

Zweck und Inhalt der vorliegenden Schrift ist eine Vereinfachung in der Berechnung der eingespannten, d. h. der dreifach statisch unbestimmten, Gewölbe. Diese wird dadurch erreicht, daß sämtliche überhaupt gebrauchten Größen und Werte (für Eigengewicht, Verkehrslast und Temperaturänderungen) in Tabellen zusammengestellt sind, und zwar für alle praktisch möglichen Stichverhältnisse und Belastungshöhen und unter Voraussetzungen, die der Wirklichkeit gut entsprechen.

Diese Tabellen bedeuten für eingespannte Gewölbe etwa das, was die sogenannten Winklerschen Zahlen für durchgehende Träger darstellen; ja sie geben sogar noch mehr, indem sie die Aufzeichnung von Einflußlinien und damit die Berücksichtigung von Einzellasten ermöglichen. Einige Tabellen, insbesondere die über die Größe der Bogenkraft und die Ordinaten der Stützlinie unter ständigen Lasten, gelten nicht nur für eingespannte, sondern für alle Gewölbe. Jedenfalls vereinfachen die Tabellen das Entwerfen und die Berechnung derart, daß die Untersuchung eines statisch unbestimmten Gewölbes kaum mehr Zeit in Anspruch nimmt, als die eines Dreigelenkbogens.

Möge das Buch sich bald in der Praxis einbürgern und mit dazu beitragen, die vielfach noch benutzten veralteten und fehlerhaften Gewölbetheorien zu beseitigen.

Dresden, Februar 1913.

Dr.-Ing. Kögler.

Inhalt.

Seite

Einleitung.

a) Allgemeines über die Berechnung eingespannter Gewölbe und über die Möglichkeit von Vereinfachungen 1
b) Zulässigkeit vereinfachender Annahmen 1
c) Kurze Darstellung der beiden entwickelten Verfahren und ihrer Voraussetzungen 2
d) Darstellung der Ergebnisse 3

Erster Abschnitt.
Berechnung der Stützliniengewölbe.

a) Grundlegende Voraussetzungen 4
b) Gang der Berechnung 8
c) Ergebnisse für das statisch bestimmte Gewölbe (Gewicht P einer Gewölbehälfte, Lager der Mittelkraft, Größe H_E der Bogenkraft, Form der Stützlinie für ständige Lasten) 9
d) Weiterer Rechnungsgang 11
e) Ergebnisse für das statisch unbestimmte Gewölbe
  α) Statisch unbestimmte Größen E, V und H 12
  β) Entfernung c der Bogenkraft von der Scheiteltangente . 13
  γ) Biegungsmomente $\mathfrak{M}$ des beiderseits eingespannten Balkens und M des beiderseits eingespannten Bogens, ... 14
  δ) Inhalte der Einflußflächen des Biegungsmomentes im Scheitel und im Kämpfer 15
  ε) Allgemeines über die Benutzung der Einflußlinien zur Ermittlung der Beanspruchungen unter der Verkehrslast . . 19
  ζ) Berücksichtigung von Eigengewicht und Temperatur . . . 20
f) Formgebung eingespannter Gewölbe für Eigengewicht und halbe Verkehrslast. 21
g) Beispiel 24
h) Tabellen der stat. unbest. Größen und der Biegungsmomente 30

Zweiter Abschnitt.
Einflußlinien für parabolische Bögen.

a) Verfahren von Landsberg (Aufzeichnung der Stützlinien) . . . 36
b) Aufzeichnung von Einflußlinien, Rechnungsgang 37
c) Darstellung der Ergebnisse (Tabelle) 41
d) Anwendung der Ergebnisse, Beispiel 44
e) Über die Anwendbarkeit des vorstehenden Verfahrens . . . 47

Einleitung.

a) **Allgemeines.** Die Berechnung eines statisch unbestimmten Systems ist nur möglich, wenn Form und Abmessungen des Tragwerks gegeben sind, die letzteren wenigstens in ihrem Verhältnis zueinander. Auch für eingespannte, d. h. dreifach statisch unbestimmte Gewölbe muß die Gestalt der Bogenachse und die Stärke des Gewölbes an allen Stellen bekannt sein, wenn eine Untersuchung nach der für solche Tragwerke allein richtigen Elastizitätstheorie durchgeführt werden soll. Aus diesem Grunde ist das Entwerfen und das Berechnen eingespannter Gewölbe ziemlich schwierig und umständlich, jede Vereinfachung des Verfahrens also willkommen. Eine solche Vereinfachung ist aber nur möglich, wenn Form und Abmessungen nach bestimmten, immer wiederkehrenden, d. h. möglichst allgemein gültigen Gesetzen gewählt werden. Dieser günstige Fall liegt nun bei den Gewölben vor; denn deren Form wird ausnahmslos nach einer Stützlinie gebildet, und deren Stärken werden in weitaus den meisten Fällen so bemessen, daß sie vom Scheitel zum Kämpfer hin nach einem bestimmten Gesetze anwachsen.

Kann man aber solche erschöpfende und dabei gleichzeitig der Wirklichkeit entsprechende Annahmen zugrunde legen, dann läßt sich die Berechnung auch des dreifach statisch unbestimmten Systems in einfacher Weise zurecht machen, dergestalt, daß die Aufzeichnung der Einflußlinien, z. B. der Biegungsmomente im Scheitel oder Kämpfer, nicht mehr Mühe macht als für irgendein zusammengesetztes statisch bestimmtes System. Diese Vereinfachungen zu entwickeln und ihre Benutzung und Benutzbarkeit darzulegen, ist der Zweck und Inhalt der vorliegenden Arbeit.

b) Die **Zulässigkeit der gemachten Annahmen** (s. unten) und der durch sie ermöglichten Rechnungsverfahren und -vereinfachungen erscheint um so mehr berechtigt, als man bedenken muß, daß bei der Berechnung der Gewölbe, und insbesondere der eingespannten, noch eine ganze Reihe weiterer Annahmen zu machen sind, die in die Untersuchung recht große Unsicherheiten hineintragen können: unvollständig ist zurzeit noch trotz mancher Versuche unsere Kenntnis vom tatsächlichen elastischen Verhalten der üblichen Gewölbebaustoffe, sowie der Bauwerke selbst. Wir wissen nicht oder nur höchst selten, ob oder in welchem Maße die Voraussetzung starrer, d. h. vollkommen unnachgiebiger Widerlager zutrifft, und welche Anfangsspannungen im Gewölbe beim Setzen des Lehrgerüstes entstehen. Die Druckverteilung der Verkehrslasten durch die Versteinung der Fahrbahn und die Auffüllung oder Aufmauerung nach Länge und Breite ist außerordentlich unsicher und wird nach ganz willkürlichen und sehr verschiedenen Annahmen vorgenommen. In gleichem Maße gehen zurzeit noch die Meinungen darüber auseinander, welche Temperaturschwankungen in einem Gewölbe wohl auftreten. Auch die Größe und Wirkung der ständigen Lasten ist etwas unsicher, da das Raumgewicht der Baustoffe fast stets nur geschätzt wird und vom trockenen zum nassen Zustande u. U. ganz beträchtlich schwankt, und da man schließlich nicht weiß, ob die Überschüttung eines Gewölbes wirklich nur die für gewöhnlich angenommene lotrechte Belastung erzeugt, ob sie nicht vielmehr unter dem Einflusse des Erddruckes teilweise als Last in schräger Richtung wirkt.

c) Die beiden nachstehend abgeleiteten **vereinfachten Verfahren** für das Entwerfen und die Berechnung dreifach statisch unbestimmter Gewölbe sind voneinander vollständig unabhängig und bauen sich auf folgenden Voraussetzungen auf:

Im ersten Abschnitte:
1. Das Gewölbe ist genau nach einer Stützlinie geformt; dabei ist es gleichgültig, ob diese für Eigengewicht oder für Eigengewicht $+ \tfrac{1}{2}$ Verkehrslast gilt.
2. Die Stärke des Gewölbes ändert sich vom Scheitel zum Kämpfer hin nach dem Gesetze $h = h_s : \cos \alpha$. (h_s ist die Scheitelstärke, h die Gewölbestärke in einem beliebigen Querschnitt, α die Neigung seines Halbmessers gegen die Lotrechte.)

Im zweiten Abschnitte:
1. Die Bogenachse ist eine Parabel.
2. Die Stärken des Gewölbes sind so bemessen, daß der Wert $J \cdot \cos \alpha$ unveränderlich bleibt.
(J ist das Trägheitsmoment eines beliebigen Querschnittes, α der Neigungswinkel seines Halbmessers gegen die Lotrechte.)

Auf Grund dieser Annahmen werden in beiden Abschnitten die statisch unbestimmten Größen berechnet, aus denen sich dann die Biegungsmomente ableiten lassen. Beide Verfahren gelten nur für symmetrische Gewölbe mit wagrechter Kämpferlinie und für lotrechte Lasten. Das Verfahren im ersten Abschnitt erstreckt sich nur auf gebräuchliche, d. h. praktisch mögliche Werte der Stichverhältnisse und der Belastungshöhen. Vorausgesetzt ist ferner volle, durchgehende Überschüttung; doch sind die Ergebnisse auch brauchbar für Gewölbe mit Aussparungen, wenn sich deren Gewicht durch eine stetige Belastung über das ganze Gewölbe hinweg ersetzen läßt. Weitere Einzelheiten über die gemachten Voraussetzungen s. S. 4 ff.

d) Die **Ergebnisse** sind für beide Verfahren vollständig unabhängig voneinander entwickelt und so dargestellt, daß sie sich zur Aufzeichnung von Einflußlinien ohne weiteres verwenden lassen. Diese stellen ja zur Ermittlung der Biegungsmomente unter der Verkehrslast das bequemste Hilfsmittel dar; Eigengewicht und Temperaturschwankungen werden auf andere, höchst einfache Weise berücksichtigt. Einflußlinien bieten den besonderen Vorteil, daß sie die Auswertung unter Einzellasten gestatten, die sich bei statisch unbestimmten Systemen nur sehr unsicher durch stetig verteilte Lasten ersetzen lassen und dabei, besonders bei leichten Gewölben (Eisenbeton), eine erhebliche Rolle spielen.

Das erste Verfahren macht Voraussetzungen (vgl. S. 2 u. S. 4), die der Wirklichkeit sehr gut entsprechen, die ihm also auch eine ganz allgemeine Anwendbarkeit sichern. Trotzdem lassen sämtliche Ergebnisse sich in höchst einfacher Form darstellen. Sie erscheinen lediglich als Funktionen zweier unabhängiger Veränderlicher, und zwar 1. des Stichverhältnisses und 2. einer Zahl φ, die die Überschüttungshöhe des Gewölbes kennzeichnet. Beide sind immer so abgestuft, daß man Zwischenwerte stets geradlinig einschalten kann.

Die Ergebnisse des zweiten Verfahrens sind, da als Bogenform eine Parabel angenommen ist, weder vom Stichverhältnis noch von der Überschüttungshöhe beeinflußt. Ihre Anwendbarkeit bleibt also auf gewisse Fälle beschränkt; vgl. S. 47.

Erster Abschnitt.
Berechnung der Stützliniengewölbe.
a) Grundlegende Voraussetzungen.
Die grundlegenden Voraussetzungen sind folgende:
1. **Das Gewölbe ist nach einer Stützlinie geformt.**
   Dabei bleibt es für das hier zu entwickelnde Verfahren gleichgültig, ob die Stützlinie einer Belastung nur durch Eigengewicht oder einer solchen durch Eigengewicht und halbe Verkehrslast entspricht.
2. **Die Stärke des Gewölbes ändert sich vom Scheitel zum Kämpfer hin nach dem Gesetze**
$$h = h_s : \cos \alpha.$$
   Hierbei bedeutet h_s die Scheitelstärke, h die Gewölbestärke in einem beliebigen Querschnitte, α den Neigungswinkel seines Halbmessers gegen die Lotrechte.
3. **Die Kämpferlinie des Gewölbes ist wagrecht, die Lasten sind lotrecht.**

Zu 1: Die Bogenachse ist für alle Fälle als Stützlinie angenommen und muß dementsprechend der Verschiedenheit der Stichverhältnisse, der Überschüttung (Übermauerung) und der Fahrbahnversteinung Rechnung tragen. Die Schwierigkeit und die Lösung besteht also zunächst darin, diese Verhältnisse zahlenmäßig auszudrücken.

Die sämtlichen Möglichkeiten der Gewölbeform werden dadurch berücksichtigt, daß man zu ihrer Kennzeichnung zwei **Grundmaße** einführt. Deren erstes ist das **Stichverhältnis**, Pfeilhöhe zur Stützweite, beide gemessen in der Bogenachse. Berücksichtigt sind von diesem die Werte $1/4$, $1/5$, $1/6$, $1/8$, $1/10$ und $1/12$. Das Stichverhältnis hat auf die meisten der zu betrachtenden Größen nur wenig Einfluß, auf einige gar keinen; seine

Veränderlichkeit kommt zum Teil im zweiten Grundmaße mit zum Ausdruck. Dieses ist ein Maß für die Änderung der Belastungshöhe vom Scheitel nach dem Kämpfer hin, und somit teilweise für die Höhe der Überschüttung überhaupt; es wird mit φ bezeichnet und durch die folgende Gleichung definiert[1]) (vgl. Fig. 1, S. 9):

$$\varphi = \frac{z - z_0}{6\, z_0} \qquad 1)$$

Nach dieser Definition entspricht der eine Grenzfall

$$\varphi = 0, \text{ d. h. } z = z_0$$

einem Gewölbe mit gleichmäßiger Belastung über die ganze Länge seiner wagerechten Projektion, also einem Gewölbe, dessen Stützlinie eine Parabel sein würde; $\varphi = 0$ kennzeichnet somit die Erörterungen des zweiten Abschnittes. Andererseits stellt der zweite Grenzfall $\varphi = \infty$ den (praktisch nicht möglichen) Fall eines Gewölbes mit der Belastung Null im Scheitel dar oder ein Gewölbe mit einer unendlich großen Überschüttungshöhe im Kämpfer. Während dieser Grenzwert $\varphi = \infty$ nur mathematisches Interesse bietet, gibt es für jedes Stichverhältnis eine tatsächliche obere Grenze von φ, die von großer praktischer Bedeutung ist. Sie entspricht einem Gewölbe mit kleinster Scheitelstärke und geringster Übermauerung, also kleinstem z_0; ihr Wert wächst mit dem Stichverhältnis und beträgt, an einigen praktischen Beispielen ermittelt, für das Stichverhältnis ¼ etwa $\varphi = 1{,}2$, für das Stichverhältnis $1/12$ etwa $\varphi = 0{,}4$, (ganz oder nahezu wagerechte Fahrbahn vorausgesetzt). Aus diesen Angaben und aus denen der späteren Tabellen folgt der zahlenmäßige Beleg für die bekannte Tatsache, daß flache Gewölbe sich in ihrer Form durchweg mehr der Parabel ($\varphi = 0$) nähern als hohe Gewölbe, und daß eine hohe Überschüttung gleichfalls in diesem Sinne wirkt, da sie z_0 verhältnismäßig viel schneller vergrößert als z.

Der Wert φ ist von wesentlicher Bedeutung: er beeinflußt ziemlich erheblich die Form der Stützlinie und damit auch die Größe der Bogenkraft, vor allem aber ihre Lage; und diese wiederum spielt bekanntlich eine große Rolle. — Zur Ermittlung von φ

---

[1]) Vgl. auch Färber, „Der Dreigelenkbogen", Stuttgart 1908. K. Wittwer.

ist zunächst notwendig die Festlegung der Stärke des Gewölbes im Scheitel; dabei genügt es nicht, ihr Verhältnis zur Kämpferstärke zu kennen, sondern man muß den wirklichen Wert der Scheitelstärke wissen oder annehmen. Zur Berechnung können die bekannten Annäherungsformeln von Schwarz, Heinzerling und Houselle dienen, ferner die Rechnungsverfahren von Tolkmitt und Ritter (vgl. u. a. Taschenb. für Bauing. 1911, Brückenb. S. 986—987); mindestens ebenso zweckdienlich ist die Anlehnung an ausgeführte Beispiele. Zur Ermittlung von φ muß man weiter noch genau festlegen die Höhe und Art der Überschüttung oder Übermauerung im Scheitel und die Stärke und Art der Versteinung der Fahrbahn. Will man mit der Stützlinie für Eigengewicht $+\frac{1}{2}$ Verkehrslast arbeiten, so ist auch die letztere noch zu bestimmen. Sämtliche Gewichtsgrößen sind selbstverständlich auf Gewölbebaustoff umzurechnen.

Der Entwurf des Gewölbes muß also hier soweit feststehen, daß die Belastungshöhe im Scheitel und im Kämpfer, oder wenigstens das Verhältnis beider, möglichst genau bestimmt werden kann. Dafür findet aber auch diese wichtige Eigentümlichkeit des Gewölbes, die durch die Zahl φ ausgedrückt wird, in der folgenden Rechnung volle und genaue Berücksichtigung in ihrem Einfluß auf die Form der Stützlinie und der statisch unbestimmten Größen, und zwar werden die Ergebnisse, wie oben erörtert, allen nur überhaupt möglichen Werten von φ angepaßt.

Zu 2: Wenn die Stärkenverhältnisse des Gewölbes von der unter 2. gemachten Voraussetzung abweichen, so ändert sich vor allem die Größe des Einspannungsmomentes und im Zusammenhange mit diesem auch der Biegungsmomente, und zwar gilt ganz allgemein folgendes. Ist das Trägheitsmoment des Kämpfers im Vergleich zu dem des Scheitels größer, als es der Voraussetzung 2 entspricht, so übernimmt eben dieser stärkere Kämpfer auch einen größeren Teil des Gesamtmomentes, d. h. das Moment im Kämpfer wird dann größer, das im Scheitel kleiner. Einen zahlenmäßigen Anhalt für diesen Zusammenhang hier zu geben, würde zu weit führen; er findet sich in der Dissertation von Dr. Ing. M. Ritter: Beiträge zur Theorie und Berechnung der vollwandigen Bogenträger ohne Scheitelgelenk. Dort ist für das Verhältnis der Scheitel- zur Kämpfersteifigkeit die Zahl n eingeführt, die die beiden Trägheitsmomente ins Verhältnis setzt:

$$n = \frac{J_s}{J_k \cdot \cos \alpha_k}. \qquad 2)$$

Durch die Voraussetzung 2 wird nun aber für unser Verfahren der Wert n festgelegt; auf ihn wirken bestimmend ein: vor allem das Stichverhältnis, in gewissem, geringem Maße auch der Wert φ, das Kennzeichen der Belastungsfläche, insofern, als dieser die Form der Stützlinie bedingt. Nach der Voraussetzung 2 wird im

	Scheitel	Kämpfer
die Gewölbestärke:	h_s	$h_k = h_s : \cos \alpha_k$
das Trägheitsmoment:	$J_s = 1/12 \cdot b \cdot h_s^3$	$J_k = 1/12 \cdot b \cdot h_s^3 : \cos^3 \alpha_k$
somit	$n = \dfrac{J_s}{J_k \cos \alpha_k} = \cos^2 \alpha_k.$	

Entspricht nun der tatsächliche Wert von n nicht genau der Voraussetzung 2, so würde man bei erheblicher Abweichung, und wenn eine große Genauigkeit verlangt wird, eine der allgemeineren Methoden zur Gewölbeberechnung anwenden müssen; eine so weit gehende Vereinfachung wie nach unserem Verfahren ist dabei natürlich nicht möglich. — Bei der Entscheidung, ob die Voraussetzung 2 genügend genau zutrifft, möge beachtet werden, daß Abweichungen in der Größe von n bis zu 50% nahezu unerheblich sind, daß sogar solche von 100% in den Einspannungsmomenten erst Unterschiede von etwa 10% veranlassen. Ebenso gering ist der Einfluß auf die Bogenkraft; vgl. auch S. 13, β. Ferner sei an dieser Stelle nochmals ausdrücklich auf die in der Einleitung betonten Unsicherheiten in den Annahmen über die elastische Wirkung der Gewölbequerschnitte und der Widerlager sowie über die Größe und Verteilung der Lasten hingewiesen. Unter Berücksichtigung aller dieser Umstände darf man wohl sagen, daß es in weitaus den meisten Fällen, und stets bei Vorentwürfen, zulässig sein wird, die Voraussetzung 2 zugrunde zu legen und damit das folgende Verfahren als zulässig anzuerkennen.

Zu 3: Wenn die Kämpferlinie des Gewölbes nicht wagerecht ist, so können die im folgenden gegebenen Ordinaten der Bogenachse nicht benutzt, die Stützlinie muß vielmehr besonders ermittelt werden. Auf die Größe der Biegungsmomente hat eine etwas geneigte Lage der Kämpferlinie keinen nennenswerten Einfluß. Die Entwicklungen in diesem Abschnitte gehen ferner von einer wagerechten Fahrbahn und von der durch eine solche und durch die Stützlinie bedingten oberen Begrenzung der Belastungsfläche aus und gelten somit scharf nur für diesen Fall. Bei sehr stark geneigter Fahrbahn wäre also die Stützlinie besonders zu ermitteln; im allgemeinen behalten jedoch die übrigen Ergebnisse (statisch unbestimmte Größen usw.) ihre Geltung, da ja nur das Verhältnis der Werte z_0 und z zueinander in Frage kommt.

b) Gang der Berechnung.

Der Gang der Berechnung ist der folgende. Auf Grund der gemachten Annahmen über die Form und die Abmessungen des Gewölbes und seiner Überschüttung (Belastungslinie) werden dessen statisch unbestimmte Größen berechnet und aus diesen und den statisch bestimmten Auflagerdrücken die Biegungsmomente ermittelt.

Im einzelnen ist die Rechnung folgendermaßen durchgeführt worden. Legt man ein bestimmtes Stichverhältnis und einen bestimmten Wert φ zugrunde, so wird zunächst auf Grund einer vorläufigen Rechnung die Bogenform ermittelt und mit dieser ersten Form der Achse das Gewölbe aufgezeichnet. Dabei kommt es auf die Gewölbestärke und auf das Verhältnis der spezifischen Gewichte von Gewölbe und Überschüttung nur wenig an; die Hauptsache bleibt, daß der Wert φ genau eingehalten wird. Aus der Zeichnung lassen sich nun die Gewichte der einzelnen Lamellen, in die man das Ganze geteilt hat, ermitteln; damit ist aber die Möglichkeit gegeben, die Form des Bogens rechnerisch genauer zu bestimmen und die Zeichnung zu berichtigen. Durch Wiederholung des Verfahrens erhält man schließlich die endgültige Stützlinie. Zur rechnerischen Festlegung der Stützlinie ermittelt man die Momente aller Eigengewichtslasten, vom Scheitel anfangend nach dem Kämpfer hin, in bezug auf die einzelnen Lamellentrennungslinien, und zwar am zweckmäßigsten ohne Multiplikation, mit Hilfe der Querkräfte nach den bekannten Gesetzen:

$$Q = \int q \cdot dx, \qquad M = \int Q \cdot dx.$$

Aus den Momenten folgt (vgl. Taschenbuch f. Bauing., 1911,

S. 990) durch Teilung mit der Bogenkraft die Ordinate des Schnittpunktes der Lamellentrennungslinie mit der Bogenachse, unter einer Wagerechten durch deren Scheitel.

c) Ergebnisse für das stat. bestimmte Gewölbe.

Bevor der weitere Gang der Rechnung erörtert wird, seien die bisherigen Ergebnisse mitgeteilt, die sich zunächst nur auf das stat. bestimmte Stützliniengewölbe beziehen, die stat. Unbestimmtheit also noch nicht berücksichtigen.

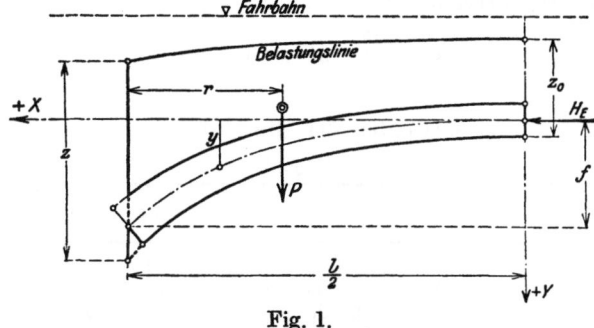

Fig. 1.

1. Das **Gewicht einer Gewölbehälfte** in t ergibt sich für 1 m Tiefe zu

$$P = a \cdot l \cdot z \cdot \gamma. \qquad 3)$$

Die Zahl a läßt sich aus der folgenden Zahlentafel entnehmen; l und z sind durch Fig. 1 erläutert und in m einzusetzen; γ ist das Raumgewicht des Gewölbebaustoffes in t/cbm.

Werte a und b.

$\varphi =$	0,0	0,1	0,2	0,3	0,4	0,5	0,6
a =	0,500	0,365	0,311	0,274	0,250	0,233	0,219
b =	0,250	0,230	0,215	0,205	0,196	0,189	0,183

$\varphi =$	0,7	0,8	0,9	1,0	1,1	1,2
a =	0,206	0,195	0,186	0,178	0,172	0,166
b =	0,177	0,173	0,169	0,166	0,163	0,161

2. Die **Entfernung r der Mittelkraft P vom Kämpfer** berechnet sich zu:

$$r = b \cdot l. \qquad 4)$$

Die Werte b findet man in der vorstehenden Zahlentafel.

3. Das **Moment M der Mittelkraft P in bezug auf den Kämpfer** wird in mt für 1 m Tiefe gleich:

$$M = P \cdot r = a \cdot b \cdot l^2 \cdot z \cdot \gamma. \qquad 5)$$

Über die Bezeichnungen und die Einheiten vgl. oben.

4. Aus dem Momente M läßt sich durch Teilung mit f die **Bogenkraft H_E** errechnen:

$$H_E = a\,b \cdot \frac{l^2}{f} \cdot z \cdot \gamma \text{ für 1 m Tiefe.} \qquad 6)$$

Ordinaten der Stützlinie.
Werte y : f.

x	$\varphi = 0{,}0$	0,1	0,2	0,3	0,4	0,5	0,6
0	0	0	0	0	0	0	0
0,1 · ½ l	0,0100	0,0072	0,0064	0,0060	0,0057	0,0054	0,0051
0,2 ,,	0,0400	0,0352	0,0320	0,0300	0,0285	0,0271	0,0259
0,3 ,,	0,0900	0,0810	0,0752	0,0710	0,0674	0,0643	0,0617
0,4 ,,	0,1600	0,1463	0,1369	0,1297	0,1237	0,1186	0,1143
0,5 ,,	0,2500	0,2308	0,2184	0,2082	0,1995	0,1921	0,1856
0,6 ,,	0,3600	0,3367	0,3213	0,3088	0,2973	0,2876	0,2794
0,7 ,,	0,4900	0,4649	0,4476	0,4328	0,4206	0,4097	0,4002
0,8 ,,	0,6400	0,6167	0,5999	0,5860	0,5739	0,5633	0,5539
0,9 ,,	0,8100	0,7936	0,7813	0,7713	0,7627	0,7550	0,7481
0,975 ,,	0,9506	0,9459	0,9420	0,9389	0,9361	0,9337	0,9315
1,00 ,,	1,0000	1,0000	1,0000	1,0000	1,0000	1,0000	1,0000

x	0,7	0,8	0,9	1,0	1,1	1,2
0	0	0	0	0	0	0
0,1 · ½ l	0,0049	0,0047	0,0046	0,0045	0,0044	0,0043
0,2 ,,	0,0249	0,0241	0,0234	0,0228	0,0223	0,0217
0,3 ,,	0,0596	0,0576	0,0560	0,0544	0,0531	0,0518
0,4 ,,	0,1106	0,1071	0,1040	0,1013	0,0990	0,0967
0,5 ,,	0,1803	0,1751	0,1708	0,1667	0,1628	0,1593
0,6 ,,	0,2722	0,2658	0,2600	0,2549	0,2496	0,2447
0,7 ,,	0,3920	0,3844	0,3777	0,3718	0,3658	0,3604
0,8 ,,	0,5456	0,5382	0,5318	0,5256	0,5202	0,5151
0,9 ,,	0,7420	0,7364	0,7314	0,7269	0,7226	0,7184
0,975 ,,	0,9295	0,9276	0,9258	0,9245	0,9231	0,9220
1,00 ,,	1,0000	1,0000	1,0000	1,0000	1,0000	1,0000

5. Für die verschiedenen Belastungswerte φ sind in der vorstehenden Zahlentafel die **Ordinaten der Stützlinie** zusammengestellt; sie sind, wie die Rechnungen gezeigt haben, nur von φ abhängig, nicht aber vom Stichverhältnis. Die in der Tabelle angeführten **Ordinaten** leisten für die Aufzeichnung der Gewölbe **ganz vorzügliche Dienste** und sind naturgemäß noch wesentlich genauer, als sie sich durch Zeichnung finden lassen.

Die Ordinaten sind von der wagerechten Scheiteltangente aus abzutragen, die Zahlen der Tabelle natürlich mit der Pfeilhöhe f der Bogenachse zu erweitern. Es ist selbstverständlich, daß die vorstehende Zahlentafel auch für Dreigelenkbögen verwendet werden kann.

d) Weiterer Rechnungsgang.

Der weitere Gang der Rechnung ist nun folgender. Mit der Ermittlung der Stützlinie werden auch die Stärken des Gewölbes festgelegt, da diese ja nach Voraussetzung 2 (S. 4) sich mit dem Neigungswinkel α der Bogenachse gegen die Wagerechte ändern. Aus der Stärke des Gewölbes folgen dessen elastische Gewichte dw; es ist:

	im Scheitel	an beliebiger Stelle
Gewölbestärke	h_s	$h = h_s : \cos \alpha$
Trägheitsmoment	J_s	$J = J_s : \cos^3 \alpha$
Länge des Bogenstückes . .	$ds = dx$	$ds = dx : \cos \alpha$
elastisches Gewicht	$dw_s = \dfrac{ds}{J_s}$	$dw = \dfrac{ds}{J} = \dfrac{dx \cdot \cos^3 \alpha}{\cos \alpha \cdot J_s}$
	$= \dfrac{dx}{J_s}$	$= dw_s \cdot \cos^2 \alpha$

Sind aber die elastischen (dw-) Gewichte bekannt, so gestaltet sich die weitere Rechnung genau wie sonst. Für die Ermittlung der stat. unbestimmten Größen werden die Formeln zugrunde gelegt, wie sie z. B. von **Mehrtens** in seinen „Vorlesungen über Statik der Baukonstruktionen" (1.Aufl.), III. Band, S. 300 ff. angegeben sind, zum Teil mit etwas anderer, aber wohl ohne weiteres verständlicher Bezeichnungsweise. Vgl. Fig. 2. In den genannten Formeln ist die Formänderung des Gewölbes infolge der Längskräfte gegenüber derjenigen durch die Biegungsmomente vernachlässigt; diese Annahme ist hier umso mehr berechtigt, als es sich zunächst nur um die Verkehrslasten handelt, die nur kleine Längskräfte erzeugen. Die Formänderung unter den Längskräften aus den ständigen Lasten wird später in besonderer Weise noch berücksichtigt (vgl. Abschnitt ζ). Man findet an der genannten Stelle die bekannten Gleichungen (vgl. Fig. 2):

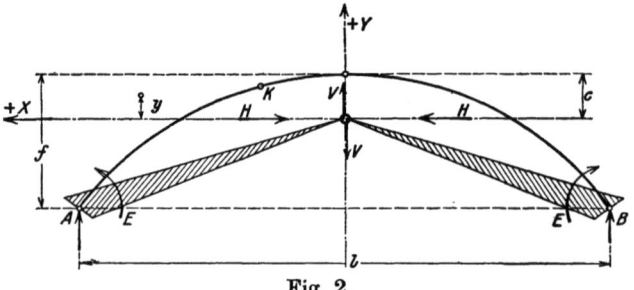

Fig. 2.

$$E = P \cdot \frac{M_w}{\int dw} \qquad 7)$$

$$V = P \cdot \frac{M_{wx}}{\int x^2 \, dw} \qquad 8)$$

$$H = P \cdot \frac{M_{wy}}{\int y^2 \, dw} \qquad 9)$$

Dabei können hier die Momente M_w, M_{wx} und M_{wy}, sowie auch die Integrale $\int dw$, $\int x^2 \, dw$ und $\int y^2 \, dw$ nicht durch Integration gefunden werden, da für die Bogenachse und für die Veränderlichkeit der dw keine Gleichung aufgestellt ist. Man muß vielmehr die genannten Größen als Summen aus ihren einzelnen Summanden berechnen, deren jeder wieder gesondert zu bestimmen ist. Dabei wurden auch hier, wie schon früher, S. 8, die Momente mit Vorteil aus den Querkräften abgeleitet.

e) Ergebnisse für das statisch unbestimmte Gewölbe.

α) Den Rechnungsgang im einzelnen zu beschreiben, erscheint kaum nötig; hier seien nur die Ergebnisse noch kurz erläutert. Ermittelt wurden nach dem eben angedeuteten Verfahren die **statisch unbestimmten Größen E, V und H**. Diese stellen in Verbindung mit den Stützendrücken A und B des statisch bestimmten Hauptnetzes, des frei gelagerten Balkens auf zwei Stützen, die **Auflagerreaktionen des beiderseits eingespannten Bogens** dar. Aus ihnen lassen sich dann die Biegungsmomente herleiten: siehe γ. Die Werte der E, V und H sind in den Tabellen S. 30 bis 35 zusammengestellt. Bemerkt sei noch, daß ihre Größe durch die Veränderlichkeit von φ nur wenig beeinflußt wird, nämlich erst mittelbar, indem sich mit φ die Stützlinie ändert, und mit deren Neigung gegen die Wagerechte die Gewölbestärke, die schließlich eine geringe Änderung von E, V und H bewirkt.

β) Die Bogenkraft H wirkt in der Wagerechten durch den Schwerpunkt der elastischen Gewichte, im Abstand c von der Scheiteltangente. Die Werte c finden sich in der folgenden Zahlentafel.

Werte c : f.

$\varphi=$	0,0	0,1	0,2	0,3	0,4	0,5	0,6	0,7	0,8	0,9	1,0	1,1	1,2
$1/4$	0,273	0,256	0,243	0,234	0,226	0,219	0,213	0,207	0,201	0,197	0,194	0,190	0,186
$1/5$	0,290	0,275	0,261	0,252	0,243	0,236	0,230	0,223	0,218	0,214	0,211	—	—
$1/6$	0,300	0,286	0,273	0,263	0,254	0,247	0,242	0,236	0,231	—	—	—	—
$1/8$	0,312	0,298	0,286	0,277	0,270	0,263	0,257	—	—	—	—	—	—
$1/10$	0,320	0,306	0,294	0,286	0,279	—	—	—	—	—	—	—	—
$1/12$	0,325	0,312	0,300	0,290	0,282	—	—	—	—	—	—	—	—

Es muß beachtet werden, daß auf die Ermittlung des Wertes c möglichst große Genauigkeit zu verwenden ist, da die Lage von H auf das Moment M recht erheblichen Einfluß hat. Wenn also z. B. die Stärken des Gewölbes von der Voraussetzung 2 im Anfange dieses Abschnittes wesentlich abweichen, so bietet u. U. für eine Verbesserung der Werte c die folgende Formel von Ritter (a. a. O. S. 21 u. 22) einen guten Anhalt:

$$c = \frac{2m + 26 + n(5m + 37)}{11{,}67\,(m+5)(n+2)} \cdot f, \qquad 10)$$

worin

$$m = \frac{23\,f - 80\,y_v}{16\,y_v - f} \qquad 11)$$

ist, und n den durch Gleichung 2 gegebenen Wert hat; y_v ist die

Ordinate der Bogenachse unter der Scheiteltangente, in der Entfernung $x = \frac{1}{4}\,l$ von der Bogenmitte.

γ) Weiterhin gilt nun für das **Biegungsmoment** in bezug auf einen beliebigen Punkt des Bogens die folgende Darstellung.

Außer den Biegungsmomenten des statisch bestimmten Hauptnetzes, des Balkens auf 2 Stützen, wirken auf das Tragwerk die 3 statisch unbestimmten Größen: E, V und H, die an den in den beiden Kämpfern befestigt angenommenen (schraffierten) Scheiben angreifend zu denken sind. Bezeichnet man das Biegungsmoment des Balkens auf 2 Stützen mit $\mathfrak{M}'$, positiv wirkend, wenn es an der Gewölbeinnenseite Zug erzeugt, so lautet das Gesamtmoment in bezug auf einen beliebigen Punkt K mit den Koordinaten (x, y) des Gewölbes:

$$M = \mathfrak{M}' - E - V \cdot x - H \cdot y. \qquad 12)$$

Die Summe der drei ersten Glieder der rechten Seite hängt nur von x ab, nicht von der Ordinate des Momentpunktes und der Bogenkraft; sie stellt das Balkenmoment des **beiderseits eingespannten Balkens** dar und soll als solches kurz mit $\mathfrak{M}$ bezeichnet werden. Dann ist

$$M = \mathfrak{M} - H \cdot y. \qquad 13)$$

Daß bei der Ermittlung von $\mathfrak{M}$ darauf Rücksicht zu nehmen ist, ob die Last P rechts oder links vom betrachteten Momentpunkte liegt, und daß dementsprechend entweder die am linken oder die am rechten Kämpfer angreifenden statisch unbestimmten Größen zu nehmen sind, ist ja selbstverständlich.

Das positive Vorzeichen kennzeichnet ein Moment, das an der Innenseite des Gewölbes Zug, an der Außenseite Druck erzeugt. Die Werte E und die mit x zu erweiternden V lassen sich den Tabellen S. 30 bis 35 entnehmen, so daß die $\mathfrak{M}$ mit größter Leichtigkeit durch Aufzeichnung einer Dreieckseinflußlinie und durch Addition bzw. Subtraktion von 2 Größen der Tabellen gefunden werden können. Zur Herleitung der M braucht man dann nur noch die Wirkungslinie der Bogenkraft H, gekennzeichnet durch ihren Abstand c (Tabelle S. 13) vom Scheitel, in die Gewölbezeichnung einzutragen und die Ordinate y des Bezugspunktes dort zu entnehmen, mit dieser die Bogenkraft H (Tabelle S. 30 bis 35) zu erweitern und das Produkt von $\mathfrak{M}$ abzuziehen. Auf das Vorzeichen von y ist zu achten, vgl. Fig. 2. Es sei noch darauf hingewiesen, daß es zweckmäßig sein dürfte, statt der Erweiterungszahlen x und v die Werte x : l und y : f zu benutzen und an die so abgeleiteten Einflußlinien dann den Beiwert l anzuschreiben.

Meist wird es natürlich notwendig werden, zwischen die in den Tabellen S. 30 bis 35 stehenden Zahlenreihen der Werte E, V und H Zwischenwerte einzuschalten, entsprechend der Lage des wirklichen Stichverhältnisses und des wirklichen Wertes φ zwischen den runden Zahlen der Tabellen. Dieses Einschalten ist eine zwar etwas mühsame, aber stets rein mechanische Rechenarbeit, die man Hilfskräften überlassen kann. Auch die Aufzeichnung der Einflußlinien wird man sich meist in gleicher Weise vereinfachen können, da ja keine verschiedenen Maßstäbe zu berücksichtigen, sondern rein mechanisch die gegebenen Zahlenreihen zu erweitern und zu addieren oder zu subtrahieren sind.

Für die weitaus am häufigsten gebrauchten Einflußlinien, des Scheitel- und des Kämpferquerschnittes, sind noch die Werte $\mathfrak{M}$ nach Gl. 12 und 13 in den Tabellen fertig berechnet, so daß zur Aufzeichnung der genannten Einflußlinien von den Werten $\mathfrak{M}$ nur noch die Größen H · y zu subtrahieren sind, die Arbeit also ganz erheblich vereinfacht ist. Für den Scheitelquerschnitt wird die Berechnung von $\mathfrak{M}$ nach Gl. 13 besonders leicht, da $\mathfrak{M}'$ wegen der Symmetrie bequem zu ermitteln und zudem x = 0 ist, der Einfluß von V also ganz ausscheidet. Der Kämpferquerschnitt bietet die Vereinfachung, daß $\mathfrak{M}' = 0$ wird und x = $^1/_2$ l zu setzen ist.

δ) Die bisher gefundenen und in den Tabellen auf S. 30 bis 35 niedergelegten Ergebnisse (Werte $\mathfrak{M}$ und H) lassen sich für die Scheitel- und Kämpferfuge noch weiterhin in recht vorteilhafter Weise ausbauen. Nach Gl. 12 (S. 14) ist das Moment für irgendeinen Querschnittspunkt

$$M = \mathfrak{M} - H \cdot y.$$

Für die Mitte der Scheitelfuge ist nun aber die Ordinate y (in bezug auf die Wirkungslinie von H) bekannt, nämlich gleich c. Es lassen sich also für diesen Punkt die M sofort fertig berechnen (vgl. die Zahlentafeln S. 30 bis 35) und damit die Einflußlinien der M ohne weiteres nach der Tabelle aufzeichnen.

Diese haben durchweg die in Fig. 3 gezeichnete Form. Will man nun die Biegungsmomente für die Mitte der Scheitelfuge

Berechnung der Stützliniengewölbe.

Flächeninhalte und Lastscheiden der Einflußlinien des Biegungsmomentes für die Mitte der Scheitelfuge.

Stich	φ =	0,0	0,1	0,2	0,3	0,4	0,5	0,6	0,7	0,8	0,9	1,0	1,1	1,2
1/4	$f_1 =$	4,87	5,20	5,51	5,79	6,03	6,27	6,47	6,64	6,80	6,95	7,08	7,20	7,33 · l²:1000
	$2f_2 =$	4,51	4,20	3,97	3,75	3,57	3,41	3,29	3,19	3,09	3,01	2,93	2,86	2,80 · l²:1000
	$l_2 =$	—	0,377	0,365	0,357	0,352	0,348	0,344	0,342	0,339	0,337	0,336	0,344	0,333 · l
1/5	$f_1 =$	5,18	5,51	5,80	6,06	6,30	6,53	6,75	6,95	7,13	7,32	7,50 · l²:1000		
	$2f_2 =$	4,63	4,35	4,11	3,89	3,71	3,56	3,42	3,30	3,19	3,10	3,03 · l²:1000		
	$l_2 =$	—	0,372	0,362	0,355	0,350	0,346	0,343	0,340	0,338	0,336	0,334 · l		
1/6	$f_1 =$	5,38	5,68	5,96	6,23	6,49	6,74	6,98	7,23	7,48 · l²:1000				
	$2f_2 =$	4,75	4,48	4,23	4,01	3,83	3,67	3,52	3,39	3,28 · l²:1000				
	$l_2 =$	—	0,369	0,360	0,353	0,348	0,344	0,341	0,338	0,336 · l				
1/8	$f_1 =$	5,60	5,84	6,11	6,41	6,69	7,00	7,32 · l²:1000						
	$2f_2 =$	4,88	4,60	4,35	4,12	3,94	3,77	3,53 · l²:1000						
	$l_2 =$	—	0,366	0,358	0,353	0,347	0,342	0,339 · l						
1/10	$f_1 =$	5,75	5,94	6,19	6,51	6,88 · l²:1000								
	$2f_2 =$	4,95	4,70	4,42	4,19	4,00 · l²:1000								
	$l_2 =$	—	0,363	0,356	0,351	0,346 · l								
1/12	$f_1 =$	5,85	6,02	6,28	6,62	7,01 · l²:1000								
	$2f_2 =$	4,98	4,73	4,45	4,22	4,03 · l²:1000								
	$l_2 =$	—	0,361	0,354	0,349	0,344 · l								

Ergebnisse für das statisch unbestimmte Gewölbe.

Inhalte und Lastscheiden der Einflußlinien des Biegungsmomentes in bezug auf die Mitte der linken Kämpferfuge.

Stich		$\varphi = 0{,}1$	0,2	0,3	0,4	0,5	0,6	0,7	0,8	0,9	1,0	1,1	1,2
$1/4$	$f_1 =$	19,55	19,15	18,70	18,35	18,00	17,70	17,40	17,15	16,90	16,65	16,40	16,20 $\cdot l^2/1000$
	$f_2 =$	22,75	24,60	26,35	27,90	29,35	30,65	31,90	33,15	34,35	35,50	36,60	37,50 $\cdot l^2/1000$
	$l_1 =$	0,389	0,381	0,376	0,370	0,365	0,361	0,357	0,352	0,349	0,346	0,343	0,340 $\cdot l$
$1/5$	$f_1 =$	18,50	18,10	17,75	17,40	17,10	16,80	16,50	16,25	15,95	15,70		
	$f_2 =$	21,65	23,40	25,15	26,70	28,05	29,30	30,45	31,55	32,60	33,65	$\cdot l^2/1000$	
	$l_1 =$	0,389	0,380	0,375	0,369	0,365	0,360	0,356	0,352	0,348	0,344 $\cdot l$		
$1/6$	$f_1 =$	17,95	17,55	17,15	16,80	16,45	16,10	15,80	15,45				
	$f_2 =$	20,95	22,75	24,35	25,75	26,95	28,05	29,00	30,00	$\cdot l^2/1000$			
	$l_1 =$	0,388	0,380	0,374	0,368	0,364	0,359	0,355	0,351 $\cdot l$				
$1/8$	$f_1 =$	17,35	16,90	16,50	16,15	15,75	15,40						
	$f_2 =$	20,30	22,00	23,55	24,90	25,95	27,00	$\cdot l^2/1000$					
	$l_1 =$	0,388	0,379	0,373	0,367	0,363	0,358 $\cdot l$						
$1/10$	$f_1 =$	17,00	16,55	16,15	15,75	15,45							
	$f_2 =$	19,95	21,60	23,15	24,45	25,45	$\cdot l^2/1000$						
	$l_1 =$	0,387	0,379	0,372	0,367	0,362 $\cdot l$							
$1/12$	$f_1 =$	16,75	16,35	15,90	15,45								
	$f_2 =$	19,55	21,25	22,70	23,95	$\cdot l^2/1000$							
	$l_1 =$	0,387	0,378	0,372	0,366 $\cdot l$								

unter einer gleichmäßig verteilten, in ungünstigster Stellung stehenden Belastung finden, so hat man nur die schraffierten Flächen f_1 und $2 f_2$ zu ermitteln und mit der Verkehrslast p zu multiplizieren. Die Inhalte dieser Flächen sind für alle bisher berücksichtigten Stichverhältnisse und Belastungswerte φ ermittelt und in der Zahlentafel auf S. 16 zusammengestellt. Diese enthält außerdem die Lage der Lastscheiden, vgl. Fig. 3. Damit wird es möglich, ohne Aufzeichnung der Einflußlinien die Belastungslängen und die diesen entsprechenden Belastungsgleichwerte p_1 und p_2 zu finden.

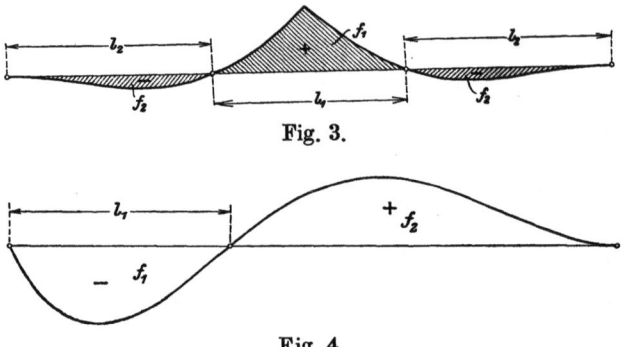

Fig. 3.

Fig. 4.

Genau dieselben Werte (Flächeninhalte und Lastscheiden) sind dann auch für die Mitte der linken Kämpferfuge berechnet und in der Zahlentafel auf S. 17 zusammengestellt. Vgl. auch Fig. 4.

Hat ein Gewölbe z. B. ein Stichverhältnis von $1/6$ und einen Belastungswert φ = 0,6, so wird das Biegungsmoment in bezug auf die Mitte der Scheitelfuge unter einer gleichmäßig verteilten Belastung p_1 in der Stellung über der mittleren Laststrecke

$$M = + 0{,}00698 \cdot p_1 \cdot l^2$$

und von p_2 über den beiden äußeren Laststrecken

$$M = - 0{,}00352 \cdot p_2 \cdot l^2.$$

Ist das Gewölbe aber nach der Stützlinie für Eigengewicht $+ \tfrac{1}{2}$ Verkehrslast ($\tfrac{1}{2}$ p) geformt, so wird das Biegungsmoment bei einer Belastung der mittleren Laststrecke (vgl. S. 23 unten):

$$M = (+ f_1 - 2 f_2)(- \tfrac{1}{2} p) + f_1 p_1$$

im Beispiele:
$$M = -0{,}00173 \cdot p + 0{,}00698 \cdot p_1,$$
bei Belastung der beiden äußeren Laststrecken:
$$M = -0{,}00173 \cdot p - 0{,}00325 \cdot p_2.$$

Die Zahlenwerte der beiden Tabellen sind also sehr wertvoll, da sie es ermöglichen, die Biegungsmomente aus der Verkehrslast in der Scheitel- und Kämpferfuge schon beim Entwerfen eines Gewölbes mit großer Genauigkeit zu berücksichtigen.

ε) **Allgemeines über die Benutzung der Einflußlinien zur Ermittlung der Beanspruchungen unter der Verkehrslast.**

Im vorhergehenden ist gezeigt worden, wie die Einflußlinien für die Biegungsmomente in einem beliebigen Gewölbequerschnitte schnell und bequem aufgezeichnet werden können, und damit ist ein Verfahren gegeben zur schnellen Erledigung des mühsamsten Teiles einer Gewölbeberechnung.

Man wird die Einflußlinien im allgemeinen nur zur Berücksichtigung der Verkehrslasten verwenden; für die anderen Belastungen (Eigengewicht, Temperaturschwankungen usw.) gibt es andere, einfachere Methoden, auf die im folgenden näher eingegangen werden soll. Zunächst seien jedoch noch einige Bemerkungen über die Berücksichtigung des Einflusses der Verkehrslasten angefügt.

Ermittelt man die Momente in bezug auf die Kernpunkte des Querschnittes, so kommt in diesen Momenten schon die Gesamteinwirkung der Verkehrslasten auf den betreffenden Querschnitt zum Ausdruck. Kann man aber aus irgendeinem Grunde nicht die Kernpunktsmomente benutzen, z. B. weil die Lage des Kernpunktes nicht, oder nicht genau genug bekannt ist, so wird man die Momente in bezug auf den Schwerpunkt des Querschnittes berechnen; dann sind aber außer ihnen noch die Längskräfte aus den Verkehrslasten zu finden. Das ist ja mit Hilfe der Einflußlinie der Bogenkraft und einem Krafteck nicht gerade schwierig, aber recht umständlich, wenn viele Stellungen in Frage kommen. Außerdem ergeben im allgemeinen die Längskräfte aus dem Verkehr nur geringe Werte gegenüber denen aus den ständigen Lasten. Es erscheint deshalb wohl zulässig, weil einfach und genügend genau, die Längskräfte aus der Verkehrslast nicht für alle in Betracht kommenden Stellungen gesondert zu suchen, sondern sie einfach einem einzigen Kraftecke für Vollbelastung des ganzen Gewölbes mit Verkehr zu entnehmen. Man bekommt dabei meist etwas größere Werte als nach dem genauen Verfahren, ohne aber große Fehler zu begehen. Die Bogenkraft für eine Vollbelastung des ganzen Gewölbes mit der Verkehrslast p ist:

$$H_v = \frac{p \cdot l^2}{8f} \qquad 14)$$

ζ) Berücksichtigung von Eigengewicht und Temperatur.

1. Eigengewicht. Ein genau nach der Stützlinie geformtes eingespanntes Gewölbe erhält außer den reinen Druckspannungen aus den Längskräften noch Biegungsspannungen, weil sich beim Ausrüsten die Bogenachse infolge der Längskräfte etwas verkürzt. Dieser Einfluß läßt sich darstellen durch eine Kraft ΔH, die in der Schwerlinie der dw (vgl. Fig. 2), im Abstande c vom Scheitel wirkt. Ihre Größe beträgt:

$$\Delta H = - \Delta h \cdot \left(\frac{i_s}{f}\right)^2 \cdot H_E. \qquad 15)$$

Das negative Vorzeichen sagt, daß ΔH nach außen wirkt; i_s ist der Trägheitshalbmesser des Scheitelquerschnittes, H_E die Bogenkraft für Eigengewicht; in dieser darf die Verkehrslast nicht mitenthalten sein. Über H_E vgl. die Angaben auf S. 10, Gl. 6 usw. Die Werte Δh stehen in der folgenden Zahlentafel. Der Scheitelquerschnitt eines eingespannten Gewölbes erfährt also z. B. infolge des Eigengewichtes die folgenden Beanspruchungen: aus H_E die reine Druckspannung $+ H_E : F$; aus ΔH die reine Zugspannung $- \Delta H : F$, und die Biegungsspannungen: $\pm \Delta H \cdot c : W$.

Werte Δ h.

$\varphi =$	0,1	0,2	0,3	0,4	0,5	0,6	0,7	0,8	0,9	1,0	1,1	1,2
$1/4$	18,20	19,04	19,86	20,65	21,46	22,23	22,96	23,66	24,33	24,95	25,54	26,09
$1/5$	15,90	16,62	17,33	18,00	18,64	19,23	19,80	20,33	20,77	21,12	—	—
$1/6$	14,73	15,32	15,88	16,43	16,93	17,39	17,81	18,16	—	—	—	—
$1/8$	13,45	13,88	14,28	14,68	15,06	15,41	—	—	—	—	—	—
$1/10$	12,87	13,21	13,53	13,85	—	—	—	—	—	—	—	—
$1/12$	12,43	12,80	13,17	13,51	—	—	—	—	—	—	—	—

Die vorstehenden Angaben gelten natürlich nicht, wenn beim Ausrüsten des Gewölbes Gelenke oder offene Fugen vorhanden sind; denn dann verhält sich der Bogen entweder als Zwei- oder als Dreigelenkbogen.

2. **Temperaturschwankungen.** Durch eine Veränderung der Temperatur um t^0 C gegen die Herstellungstemperatur des Gewölbes entsteht eine Bogenkraft H_t von der Größe

$$H_t = \Delta h \cdot \left(\frac{i_s}{f}\right)^2 \cdot E \cdot F_s \cdot \alpha \cdot t^0. \qquad 16)$$

E bedeutet die Dehnungszahl des Gewölbebaustoffes, α seine Wärmeausdehnungszahl, F_s bezeichnet den Inhalt des Scheitelquerschnittes. Die Bogenkraft H_t wirkt genau wie ΔH, im Abstande c vom Scheitel. Sie ist nach innen (positiv) gerichtet bei Temperaturzunahme, nach außen bei Abnahme. Für massive Gewölbe wird im allgemeinen die Annahme einer Temperaturveränderung von 15^0, höchstens 20^0 C vollauf genügen.

f) Formgebung eingespannter Gewölbe für Eigengewicht und halbe Verkehrslast.

An dieser Stelle sei noch auf die Frage etwas näher eingegangen, für welche Belastung ein eingespanntes Gewölbe am zweckmäßigsten geformt wird. Bisher galt und gilt die von Tolkmitt empfohlene Regel, die Bogenachse einer Stützlinie für Eigengewicht + ½ Verkehrslast anzupassen. Tolkmitt hat diesen Satz in seinem „Leitfaden für das Entwerfen und die Berechnung gewölbter Brücken" (2. Aufl. S. 21/22) aber nur aus allgemeinen Erwägungen abgeleitet, ohne ihn scharf zu beweisen; vor allem sind die Tolkmittschen Betrachtungen nur hergeleitet für Stützlinien, die durch feste Punkte im Scheitel und im Kämpfer gehen; sie sind nicht ausdrücklich auf eingespannte Gewölbe ausgedehnt. Für letztere läßt es Ritter (a. a. O. S. 22/23) deshalb unentschieden, welches die zweckmäßigste Belastung für die Formgebung sei. Verfasser hat in vielen Fällen beim Entwurfe eingespannter Gewölbe die Beobachtung gemacht, daß die positiven und negativen Momente in bezug auf den Schwerpunkt eines Querschnittes sich in ihren Absolutwerten am meisten zu nähern scheinen, wenn man bei der Formgebung des Gewölbes die Verkehrslast mitberücksichtigt. Ob dabei gerade deren Hälfte aufzubringen ist, das ließ sich zunächst nicht entscheiden.

Die vorstehende Beobachtung aus der Praxis wird, wenigstens für den Scheitelquerschnitt, bestätigt durch die Zahlenwerte der Tabelle auf S. 16. Aus dieser und den dort gegebenen Erläuterungen geht folgendes hervor. Hat man ein Gewölbe nur für Eigengewicht geformt, so ist für das Biegungsmoment im Scheitel maßgebend der Inhalt der Fläche f_1, weil dieser stets größer ist als 2 f_2. Hat man aber die Bogenachse der Stützlinie für Eigengewicht + ½ Verkehrslast angepaßt, so wird das Biegungsmoment berechnet aus ½ ($f_1 + 2 f_2$). Nun zeigt die Tabelle, daß f_1 in allen Fällen größer ist als ½ ($f_1 + 2 f_2$), daß es diesen Wert stellenweise, und zwar für die häufigeren Fälle eines großen Wertes von φ, sogar bis zu 50% überschreitet. Auch für den Kämpferquerschnitt ergibt sich ein ähnliches Verhalten.

Nach diesen allgemeinen Betrachtungen liegt die Frage nahe, welcher Teil der Verkehrslast denn nun eigentlich am zweckmäßigsten bei der Formgebung eines eingespannten Gewölbes aufzubringen ist.

Nehmen wir an, das Gewölbe sei geformt nach einer Stützlinie für Eigengewicht + $\alpha \cdot p$, worin p die gleichmäßig verteilte Verkehrslast, α ihren bei der Formgebung berücksichtigten Teil bezeichnet, und legen wir eine ganz beliebige Einflußlinie, z. B. für das Biegungsmoment im Schwerpunkte des Kämpferquerschnittes zugrunde.

Um zunächst den Belastungsfall: bloßes Eigengewicht herzustellen, hat man sich auf die ganze Stützweite die Last — $\alpha \cdot p$ (entlastend wirkend) aufgebracht zu denken und das von ihr erzeugte Biegungsmoment zu berechnen; es beträgt, wenn $f_1 > f_2$ vorausgesetzt wird:

$$M_a = + (f_1 - f_2) \cdot (- \alpha \cdot p)$$

Die Biegungsmomente aus der vollen Verkehrslast erhält man nun, wenn man entweder f_1 oder f_2 mit p belastet, und das schon ermittelte M_a dazu fügt; also:

$$M_1 = + f_1 \cdot p + (f_1 - f_2) \cdot (- \alpha \cdot p)$$
$$\text{und} \quad M_2 = - f_2 \cdot p + (f_1 - f_2) \cdot (- \alpha \cdot p).$$

Die Aufbringung von $\alpha \cdot p$ bei der Formgebung bezweckt nun,

daß die beiden Momente M_1 und M_2 in ihren Absolutwerten einander gleich werden:
$$M_1 = -M_2.$$
Das gibt:
$$f_1 \cdot p + (f_1 - f_2)(-\alpha \cdot p) = f_2 \cdot p - (f_1 - f_2)(-\alpha \cdot p),$$
woraus
$$\alpha = \tfrac{1}{2}$$
folgt. Dieses Ergebnis ist von der Art und Größe der Einflußflächen vollständig unabhängig, gilt also ganz allgemein, somit auch z. B. für den Dreigelenkbogen. Es lautet: **Wenn man einen Bogen genau nach der Stützlinie für Eigengewicht + ½ Verkehrslast formt, so werden die größten positiven und negativen Biegungsmomente aus der Verkehrslast p in bezug auf die Schwerpunkte der Querschnitte (Stützlinienpunkte) einander gleich.**

Dieser Satz rechtfertigt also zunächst die bisher gebräuchliche Tolkmittsche Regel: Ein Gewölbe ist nach der Stützlinie für Eigengewicht + ½ Verkehrslast zu formen. Dabei ist jedoch noch eine kleine Einschränkung zu machen: Wenn die Biegungsmomente aus der Verkehrslast einander gleich erzielt werden, so gleichen einander zwar auch die von jenen erzeugten Biegungsspannungen, nicht aber deswegen auch die Gesamtspannungen. Denn darin sind noch die reinen Druckspannungen aus den Längskräften mitenthalten; diese haben aber verschiedene Werte, je nachdem man die eine oder die andere Laststrecke belastet. Wollte man diesem Umstande Rechnung tragen, so könnte man auch hierüber eine gleiche Rechnung anstellen wie die vorstehende, indem man die Einflußlinie der Längskraft, also für den Scheitelquerschnitt z. B. der Bogenkraft, mitbenutzte. Die Unterschiede sind aber so gering, daß sie praktisch keine Bedeutung besitzen, daß man sich also an dem bisherigen Ergebnis durchaus genügen lassen kann.

Hat man das Gewölbe nach einer Stützlinie für Eigengewicht + ½ Verkehrslast geformt, so gestaltet sich die Berechnung der Biegungsmomente etwas umständlicher als bei einem nach der Stützlinie nur für Eigengewicht geformten Bogen. Man muß dann immer im Auge behalten, daß das Gewölbe nur unter der Belastung: Eigengewicht + ½ Verkehrslast tatsächlich reine

24 Berechnung der Stützliniengewölbe.

Druckspannungen erfährt, daß aber bei der Belastung mit dem bloßen Eigengewichte, also gewissermaßen durch die Wegnahme der ½ Verkehrslast, schon Biegungsmomente auftreten. Diese lassen sich ohne weiteres aus den Einflußlinien ermitteln, wenn man diese unter einer über das ganze Gewölbe gleichmäßig verteilten Belastung von − ½ p (= Entlastung!) auswertet. Auf die Vorzeichen der Momente ist dabei mit besonderer Sorgfalt zu achten. Man hat dann also in den so ermittelten Biegungsmomenten und den reinen Längskräften der Stützlinie die Beanspruchung des Bogens unter dem Eigengewichte vor sich. Die Wirkung der Verkehrslasten ist nun in der üblichen Weise für ihre ungünstigste Stellung und ihre volle Größe zu untersuchen. Die so gefundenen Biegungsmomente sind dann zu den schon ermittelten zu addieren, natürlich unter Berücksichtigung der Vorzeichen. Zur Bestimmung der Längskräfte aus der Verkehrslast wird man auch hier wieder entweder den genauen Weg einschlagen, oder sich mit der auf S. 20 empfohlenen Annäherung begnügen; zu diesem Zwecke hat man zu den der Stützlinie für Eigengewicht + ½ Verkehrslast entsprechenden Längskräften noch diejenigen hinzuzufügen, die durch Belastung mit + ½ p entstehen. Hierfür erscheint die zeichnerische Darstellung am geeignetsten. Die Ermittlung von ΔH und H_t bietet nichts Besonderes.

g) Beispiel.

Das in Fig. 5 gezeichnete Gewölbe für eine Straßenbrücke ist nach Form und Abmessungen zu entwerfen. Da als Baustoff Eisenbeton in Frage kommt, so kann man mit einer Scheitelstärke von 40 cm auskommen. Wollte man, bevor man an die genauere Entwurfsarbeit geht, diesen Wert nachprüfen, so könnte das geschehen, ohne daß man den genauen Entwurf des Gewölbes aufzustellen braucht. Man hätte nur an Hand einer (freihändigen) Skizze des Bogens den Wert φ angenähert zu ermitteln und würde dann an Hand der Tabellen berechnen:

1. die Bogenkraft aus den ständigen Lasten nach Gl. 6 auf S. 10 (ist am Ende des Beispiels geschehen);
2. die Biegungsmomente aus den ständigen Lasten, aus vorstehender Bogenkraft, unter Benutzung der Gl. 15 auf S. 20 und der Tabelle der Werte c : f auf S. 13;

Beispiel. 25

3. die Bogenkraft aus der Verkehrslast nach der Formel 14 S. 20;
4. die Biegungsmomente aus der Verkehrslast nach den Tabellen auf S. 30—35, (Werte M);
5. die Bogenkraft bei Temperaturänderungen nach Gl. 16 auf S. 21;
6. die Biegungsmomente bei Temperaturänderungen aus vorstehender Bogenkraft unter Benutzung der Tabelle der Werte c : f auf S. 13.

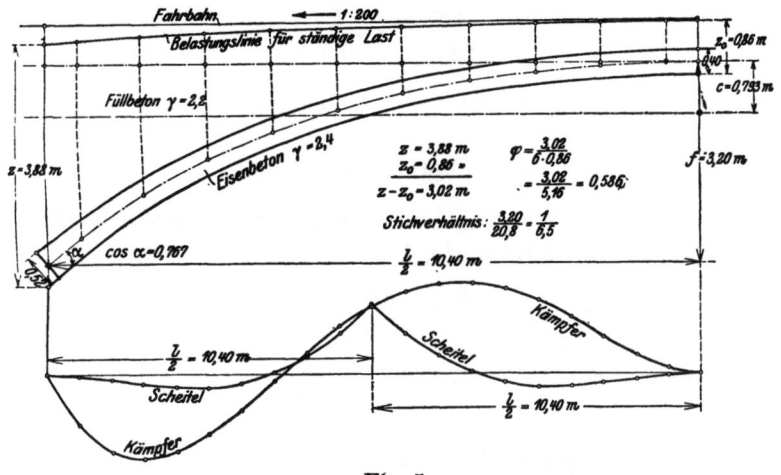

Fig. 5.

Die Aufstellung und Nachprüfung des genaueren Entwurfs nimmt folgenden Gang:

Die Übermauerung besteht aus Füllbeton, die Versteinung aus Pflaster, beide zusammen über dem Scheitel in einer Stärke von 50 cm, einschließlich der Abdichtung. Denkt man sich zunächst die Bogenachse als Kreis gezogen, so hat dieser am Kämpfer gegen die Wagerechte eine Neigung α, deren cos $\alpha = 0{,}8$ ist. Die Scheitelstärke würde demnach etwa betragen

$$\frac{0{,}40}{0{,}8} = 0{,}50 \text{ m.}$$

Diese trägt man in der zunächst ermittelten Richtung auf und zieht die ihr entsprechende innere und äußere Gewölbeleibungslinie in der Nähe der Kämpferfuge. Dadurch ist die

Übermauerungshöhe im Kämpfer bestimmt, und diese, sowie die im Scheitel, sind nun auf Gewölbebaustoff umzurechnen und als Belastungshöhen einzutragen. Man erhält damit nach Fig. 1, S. 9 den einstweiligen Wert von z etwa zu 3,85 m und den schon endgültigen Wert $z_0 = 0{,}86$ m. Aus beiden folgt:

$$\varphi = \frac{z - z_0}{6\,z_0} = \frac{3{,}85 - 0{,}86}{6 \cdot 0{,}86} = \frac{2{,}99}{5{,}16} = 0{,}58.$$

Das Stichverhältnis beträgt:

$$\frac{3{,}20}{20{,}80} = \frac{1}{6{,}5}.$$

Aus Gleichung 4 und der Tabelle der Werte b auf S. 9 findet man

$$r = 0{,}184 \cdot 20{,}80 = 3{,}83 \text{ m}.$$

Die genauere Neigung α der Kämpferfuge gegen die Lotrechte wird nun gekennzeichnet durch:

$$\tan \alpha = \frac{f}{r} = \frac{3{,}20}{3{,}83} = 0{,}836.$$

Dem entspricht

$$\cos \alpha = 0{,}767.$$

Die genaue Kämpferstärke wird nun

$$h_k = \frac{0{,}40}{0{,}767} = 0{,}52 \text{ m}.$$

Diese ist in die Fig. 5 eingetragen, woraus sich dann nach genauer Ermittlung

$$z = 3{,}88 \text{ m}$$

ergibt. Es folgt

$$\varphi = \frac{3{,}88 - 0{,}86}{5{,}16} = \frac{3{,}02}{5{,}16} = 0{,}586.$$

Die Tabelle auf S. 10 liefert nun die Ordinaten der Bogenachse, wie die nachstehende Zusammenstellung zeigt, deren Zahlen zwischen diejenige der Werte $\varphi = 0{,}5$ und $\varphi = 0{,}6$, entsprechend dem Werte $\varphi = 0{,}586$, eingeschaltet wurden.

Beispiel.

Ordinaten y der Bogenachse.

$\varphi =$	0,5	0,6	0,586	
$x = 0{,}1 \cdot {}^1/_2{}^1$	0,0054 · f	0,0051 · f	0,0052 · f	0,016 m
0,2	0,0271 · f	0,0259 · f	0,0261 · f	0,084 m
0,3	0,0643 · f	0,0617 · f	0,0621 · f	0,199 m
0,4	0,1186 · f	0,1143 · f	0,1149 · f	0,368 m
0,5	0,1921 · f	0,1856 · f	0,1865 · f	0,597 m
0,6	0,2876 · f	0,2794 · f	0,2806 · f	0,897 m
0,7	0,4097 · f	0,4002 · f	0,4016 · f	1,285 m
0,8	0,5633 · f	0,5539 · f	0,5552 · f	1,777 m
0,9	0,7550 · f	0,7481 · f	0,7491 · f	2,397 m
0,975	0,9337 · f	0,9315 · f	0,9318 · f	2,983 m
1,0	1,0000 · f	1,0000 · f	1,0000 · f	3,200 m

Nach Eintrag der Wölbstärken an den Stellen zwischen Scheitel und Kämpfer kann die Belastungslinie der ständigen Lasten gezeichnet werden; dies ist jedoch für die weiteren Ermittlungen gar nicht notwendig. Die Tabelle auf S. 13 liefert nun den Wert c, der die Wirkungslinie der Bogenkraft H als Schwerlinie der elastischen Kräfte festlegt. Man schaltet ein für das Stichverhältnis 1/6,5 zwischen 1/6 und 1/8 und für $\varphi = 0{,}586$ zwischen $\varphi = 0{,}5$ und $\varphi = 0{,}6$:

	$\varphi = 0{,}5$	$\varphi = 0{,}586$	$\varphi = 0{,}6$
$^1/_6$	0,247	0,243	0,242
$^1/_{6,5}$	0,252	0,248	0,247
$^1/_8$	0,263	0,258	0,257

Somit wird:
$$c = 0{,}248 \cdot 3{,}20 = \mathbf{0{,}793 \text{ m}}.$$

Nunmehr lassen sich die Einflußlinien der Biegungsmomente für alle Querschnitte und für alle Querschnittspunkte mit Hilfe der Tabellen S. 30—35 ohne weiteres berechnen und aufzeichnen; die Schwerpunkte des Scheitels und des Kämpfers haben z. B. die Ordinaten:

$$y_s = c = 0{,}793 \text{ m}; \quad y_k = f - c = 3{,}20 - 0{,}793 = 2{,}407 \text{ m}.$$

Die Einflußlinien für die Schwerpunkte der Scheitel- und der Kämpferfuge braucht man aber, wie schon oben erwähnt, gar nicht erst zu berechnen, denn diese sind in den Tabellen auf S. 30—35 schon gegeben; sie lassen sich vielmehr sofort aufzeichnen. Es ist bei der Entnahme der Werte $\mathfrak{M} - H \cdot y$ aus den Tabellen S. 30—35 wieder zunächst für $\varphi = 0{,}586$ zwischen $\varphi = 0{,}4$ und $\varphi = 0{,}6$ und dann zwischen die Stichverhältnisse 1 : 6 und 1 : 8 entsprechend 1/6,5 einzuschalten. Man findet für $\varphi = 0{,}586$ die Werte $M = \mathfrak{M} - H \cdot y$ im Scheitel

x	$1/_6$	$1/_8$	$1/_{6{,}5}$	
0	$+ 0{,}0531 \cdot l$	$+ 0{,}0543 \cdot l$	$+ 0{,}0535 \cdot l$	$+ 1{,}113$ m
$0{,}1 \cdot l/_2$	$+ 0{,}0303$	$+ 0{,}0313$	$+ 0{,}0306$	$+ 0{,}636$ m
0,2	$+ 0{,}0132$	$+ 0{,}0141$	$+ 0{,}0135$	$+ 0{,}281$ m
0,3	$+ 0{,}0014$	$+ 0{,}0019$	$+ 0{,}0016$	$+ 0{,}033$ m
0,4	$- 0{,}0058$	$- 0{,}0057$	$- 0{,}0058$	$- 0{,}121$ m
0,5	$- 0{,}0091$	$- 0{,}0091$	$- 0{,}0091$	$- 0{,}189$ m
0,6	$- 0{,}0091$	$- 0{,}0094$	$- 0{,}0092$	$- 0{,}191$ m
0,7	$- 0{,}0069$	$- 0{,}0073$	$- 0{,}0070$	$- 0{,}146$ m
0,8	$- 0{,}0038$	$- 0{,}0040$	$- 0{,}0039$	$- 0{,}081$ m
0,9	$- 0{,}0009$	$- 0{,}0011$	$- 0{,}0009$	$- 0{,}019$ m
$1{,}0 \cdot l/_2$	$- 0{,}0000$	$- 0{,}0000$	$- 0{,}0000$	$- 0{,}000$ m

Die entsprechende Tabelle für den Kämpfer ist in gleicher Weise herzuleiten. In Fig. 5 sind die beiden Einflußlinien aufgezeichnet. Die Auswertung wird hier nicht durchgeführt, da sie nichts besonderes bietet.

Einen Anhalt über die Größe der auftretenden Biegungsmomente bieten aber sofort die Tabellen auf S. 16 und 17. Man findet z. B. aus ihnen, wieder wie bisher für $\varphi = 0{,}586$ zwischen 0,5 und 0,6 und für Stich $1/_{6{,}5}$ zwischen $1/_6$ und $1/_8$ einschaltend, für den Scheitel:

$$f_1 = 7{,}05 \cdot l^2/_{1000} = 7{,}05 \cdot \frac{20{,}8^2}{1000} = 3{,}05 \text{ qm}$$

und

$$2 f_2 = 3{,}55 \cdot l^2/_{1000} = 3{,}55 \cdot \frac{20{,}8^2}{1000} = 1{,}54 \text{ qm}.$$

Beträgt die gleichmäßig verteilte Verkehrslast beispielsweise 600 kg/m, so ergibt sich als positives (innen Zug, außen Druck erzeugendes) Biegungsmoment für die Mitte des Scheitelquerschnittes:

$$+ M = 3{,}05 \cdot 600 = 1830 \text{ mkg}.$$

Das negative Moment ist:
$$-M = 1{,}54 \cdot 600 = 924 \text{ mkg}.$$

Zur Berechnung des Gewölbes wäre nun noch notwendig, die Größe der Bogenkraft für die ständigen Lasten zu kennen. Diese ermittelt sich nach Gl. 6 auf S. 10 und mit Hilfe der dort angegebenen Tabellen. Man findet

$$H_E = 0{,}221 \cdot 0{,}184 \cdot \frac{20{,}8^2}{3{,}20} \cdot 3{,}88 \cdot 2{,}4 = 21{,}34 \cdot 2{,}4 = 51{,}2 \text{ t}.$$

Weiterhin wären nun noch die Bogenkräfte auszurechnen, die im stat. unbest. Gewölbe unter dem Eigengewichte und Temperaturänderungen entstehen. Nach Gl. 15 und Tabelle S. 20 ist zunächst:

$$\Delta H = -16{,}67 \cdot \left(\frac{11{,}56}{320}\right)^2 \cdot 51{,}2 = -1{,}113 \text{ t},$$

wobei die Ausmittlung des Beiwertes aus der Tabelle auf S. 20 in der folgenden Zusammenstellung angegeben ist.

$\varphi =$	0,5	0,586	0,6
$1/_6$	16,93	17,32	17,39
$1/_{6,5}$	16,31	**16,67**	16,73
$1/_8$	15,06	15,36	15,41

Für den Scheitelquerschnitt (Mitte) beträgt das Moment infolge von ΔH:
$$M = +\Delta H \cdot c = +1{,}113 \cdot 0{,}793 = +0{,}882 \text{ mt};$$
es erzeugt innen Zug, außen Druck.

Endlich ergibt sich nach Gl. 16 die Bogenkraft bei einer Temperaturänderung von $\pm 20^0$ C, wenn $E = 250$ t/qcm angenommen wird:

$$H_t = \pm 16{,}67 \cdot \left(\frac{11{,}56}{320}\right)^2 \cdot 250 \cdot 4000 \cdot \frac{12}{10^6} \cdot 20 = \pm 5{,}24 \text{ t}.$$

Ihr Moment für den Scheitel ist
$$M = \mp 5{,}24 \cdot 0{,}793 = \mp 4{,}16 \text{ mt}.$$

Aus den vorberechneten Längskräften und Biegungsmomenten lassen sich nun die Beanspruchungen der Querschnitte genau ermitteln.

h) Tabellen der stat. unbest. Größen und der Biegungsmomente am eingespannten Gewölbe.

Erläuterungen.

Über E, V und H vgl. Abb. 2 und Gl. 7, 8, 9.
$\mathfrak{M}$ sind die Biegungsmomente im beiderseits eingespannten Balken, s. Gl. 13.
M sind die Biegungsmomente für den Mittelpunkt der Scheitel- und Kämpferfuge des eingespannten Gewölbes, s. Gl. 12.
Ein positives Moment erzeugt an der Innenseite des Gewölbes Zug, an der Außenseite Druck.

x	E	V	H	Scheitel $\mathfrak{M}$	Scheitel M	Linker Kämpfer $\mathfrak{M}$		Linker Kämpfer M	
·1/2	·1	—	·1/f	·1	·1	·1		·1	

Stich = 1/4, φ = 0,2.

x	E	V	H	$\mathfrak{M}$	M	$\mathfrak{M}$		M	
0,0	0,1413	0,0000	0,2526	0,1087	+0,0473	— 0,1413		+ 0,0499	
0,1	0,1401	0,0320	0,2483	0,0849	+0,0246	−0,1561	−0,1241	+0,0318	+0,0638
0,2	0,1353	0,0616	0,2314	0,0647	+0,0085	−0,1661	−0,1045	+0,0091	+0,0707
0,3	0,1274	0,0864	0,2047	0,0476	−0,0021	−0,1706	−0,0842	−0,0156	+0,0708
0,4	0,1166	0,1045	0,1706	0,0334	−0,0080	−0,1689	−0,0643	−0,0397	+0,0649
0,5	0,1029	0,1140	0,1321	0,0221	−0,0100	−0,1599	−0,0459	−0,0599	+0,0541
0,6	0,0866	0,1137	0,0926	0,0134	−0,0091	−0,1435	−0,0297	−0,0734	+0,0404
0,7	0,0680	0,1026	0,0558	0,0070	−0,0066	−0,1193	−0,0167	−0,0771	+0,0255
0,8	0,0472	0,0800	0,0257	0,0028	−0,0034	−0,0872	−0,0072	−0,0677	+0,0123
0,9	0,0245	0,0461	0,0055	0,0005	−0,0008	−0,0476	−0,0014	−0,0434	+0,0028
1,0	0	0	0	0	0	links	rechts	links	rechts

Stich = 1/4, φ = 0,4.

x	E	V	H	$\mathfrak{M}$	M	$\mathfrak{M}$		M	
0,0	0,1421	0,0000	0,2584	0,1079	+0,0495	— 0,1421		+ 0,0579	
0,1	0,1409	0,0328	0,2540	0,0841	+0,0267	−0,1573	−0,1245	+0,0393	+0,0721
0,2	0,1361	0,0630	0,2370	0,0639	+0,0103	−0,1676	−0,1046	+0,0158	+0,0788
0,3	0,1283	0,0885	0,2099	0,0467	−0,0007	−0,1726	−0,0840	−0,0101	+0,0785
0,4	0,1174	0,1069	0,1751	0,0326	−0,0070	−0,1709	−0,0639	−0,0354	+0,0716
0,5	0,1036	0,1166	0,1356	0,0214	−0,0092	−0,1619	−0,0453	−0,0569	+0,0597
0,6	0,0872	0,1160	0,0950	0,0128	−0,0087	−0,1452	−0,0292	−0,0717	+0,0443
0,7	0,0683	0,1043	0,0572	0,0067	−0,0062	−0,1205	−0,0161	−0,0762	+0,0282
0,8	0,0474	0,0810	0,0262	0,0026	−0,0033	−0,0879	−0,0069	−0,0676	+0,0134
0,9	0,0245	0,0464	0,0055	0,0005	−0,0007	−0,0477	−0,0013	−0,0434	+0,0030
1,0	0	0	0	0	0	links	rechts	links	rechts

Stich = 1/4, φ = 0,6.

x	E	V	H	$\mathfrak{M}$	M	$\mathfrak{M}$		M	
0,0	0,1428	0,0000	0,2630	0,1072	+0,0513	— 0,1428		+ 0,0643	
0,1	0,1416	0,0333	0,2586	0,0834	+0,0284	−0,1583	−0,1249	+0,0453	+0,0787
0,2	0,1368	0,0641	0,2414	0,0632	+0,0119	−0,1689	−0,1047	+0,0212	+0,0854
0,3	0,1289	0,0900	0,2140	0,0461	+0,0006	−0,1739	−0,0839	−0,0054	+0,0846
0,4	0,1180	0,1088	0,1787	0,0320	−0,0060	−0,1724	−0,0636	−0,0317	+0,0771
0,5	0,1041	0,1186	0,1385	0,0209	−0,0086	−0,1634	−0,0448	−0,0544	+0,0642
0,6	0,0876	0,1178	0,0971	0,0124	−0,0083	−0,1465	−0,0287	−0,0701	+0,0477
0,7	0,0686	0,1056	0,0584	0,0064	−0,0060	−0,1214	−0,0158	−0,0754	+0,0302
0,8	0,0475	0,0817	0,0267	0,0025	−0,0032	−0,0884	−0,0066	−0,0674	+0,0144
0,9	0,0245	0,0465	0,0057	0,0005	−0,0007	−0,0478	−0,0012	−0,0433	+0,0033
1,0	0	0	0	0	0	links	rechts	links	rechts

Tabellen. 31

x	E	V	H	Scheitel $\mathfrak{M}$	Scheitel M	Linker Kämpfer $\mathfrak{M}$	Linker Kämpfer M
$\cdot 1/2$	$\cdot 1$	—	$\cdot 1/f$	$\cdot 1$	$\cdot 1$	$\cdot 1$	$\cdot 1$

Stich = $1/4$, $\varphi = 0{,}8$.

x	E	V	H	$\mathfrak{M}$	M	$\mathfrak{M}$		M	
0,0	0,1437	0,0000	0,2682	0,1063	+0,0524	−0,1437		+0,0706	
0,1	0,1425	0,0342	0,2637	0,0825	+0,0295	−0,1596	−0,1254	+0,0511	+0,0853
0,2	0,1377	0,0657	0,2461	0,0623	+0,0128	−0,1706	−0,1048	+0,0260	+0,0918
0,3	0,1297	0,0921	0,2182	0,0453	+0,0014	−0,1758	−0,0836	−0,0015	+0,0907
0,4	0,1187	0,1113	0,1822	0,0313	−0,0053	−0,1744	−0,0630	−0,0288	+0,0826
0,5	0,1048	0,1212	0,1410	0,0202	−0,0082	−0,1654	−0,0442	−0,0528	+0,0684
0,6	0,0881	0,1202	0,0934	0,0119	−0,0079	−0,1482	−0,0280	−0,0696	+0,0506
0,7	0,0690	0,1074	0,0589	0,0060	−0,0058	−0,1227	−0,0153	−0,0756	+0,0318
0,8	0,0477	0,0827	0,0266	0,0023	−0,0030	−0,0891	−0,0063	−0,0678	+0,0150
0,9	0,0246	0,0468	0,0055	0,0004	−0,0007	−0,0480	−0,0012	−0,0436	+0,0032
1,0	0	0	0	0	0	links	rechts	links	rechts

Stich = $1/4$, $\varphi = 1{,}00$.

x	E	V	H	$\mathfrak{M}$	M	$\mathfrak{M}$		M	
0,0	0,1438	0,0000	0,2720	0,1062	+0,0535	−0,1438		−0,0755	
0,1	0,1426	0,0345	0,2675	0,0824	+0,0306	−0,1599	−0,1253	+0,0558	+0,0904
0,2	0,1379	0,0663	0,2498	0,0621	+0,0137	−0,1711	−0,1047	+0,0303	+0,0967
0,3	0,1300	0,0931	0,2215	0,0450	+0,0021	−0,1766	−0,0834	+0,0020	+0,0952
0,4	0,1190	0,1125	0,1850	0,0310	−0,0049	−0,1753	−0,0627	−0,0262	+0,0864
0,5	0,1051	0,1225	0,1431	0,0199	−0,0078	−0,1664	−0,0438	−0,0510	+0,0716
0,6	0,0884	0,1215	0,0998	0,0116	−0,0077	−0,1492	−0,0276	−0,0687	+0,0529
0,7	0,0691	0,1085	0,0595	0,0059	−0,0056	−0,1234	−0,0148	−0,0754	+0,0332
0,8	0,0478	0,0834	0,0267	0,0022	−0,0030	−0,0895	−0,0061	−0,0680	+0,0154
0,9	0,0246	0,0470	0,0055	0,0004	−0,0007	−0,0481	−0,0011	−0,0437	+0,0033
1,0	0	0	0	0	0	links	rechts	links	rechts

Stich = $1/4$, $\varphi = 1{,}2$.

x	E	V	H	$\mathfrak{M}$	M	$\mathfrak{M}$		M	
0,0	0,1442	0,0000	0,2752	0,1058	+0,0546	−0,1442		−0,0798	
0,1	0,1430	0,0347	0,2706	0,0820	+0,0317	−0,1604	−0,1256	+0,0599	+0,0947
0,2	0,1382	0,0668	0,2528	0,0618	+0,0148	−0,1716	−0,1048	+0,0342	+0,1010
0,3	0,1303	0,0937	0,2245	0,0447	+0,0029	−0,1772	−0,0834	+0,0055	+0,0993
0,4	0,1193	0,1133	0,1877	0,0307	−0,0042	−0,1760	−0,0626	−0,0232	+0,0902
0,5	0,1053	0,1233	0,1454	0,0197	−0,0073	−0,1670	−0,0436	−0,0486	+0,0748
0,6	0,0885	0,1222	0,1016	0,0115	−0,0074	−0,1496	−0,0274	−0,0669	+0,0553
0,7	0,0692	0,1089	0,0608	0,0058	−0,0055	−0,1237	−0,0147	−0,0742	+0,0348
0,8	0,0478	0,0836	0,0275	0,0022	−0,0029	−0,0896	−0,0060	−0,0672	+0,0164
0,9	0,0246	0,0470	0,0058	0,0004	−0,0007	−0,0481	−0,0011	−0,0434	+0,0036
1,0	0	0	0	0	0	links	rechts	links	rechts

Stich = $1/5$, $\varphi = 0{,}2$.

x	E	V	H	$\mathfrak{M}$	M	$\mathfrak{M}$		M	
0,0	0,1367	0,0000	0,2484	0,1133	+0,0486	−0,1367		−0,0470	
0,1	0,1356	0,0299	0,2444	0,0894	+0,0257	−0,1506	−0,1206	+0,0301	+0,0601
0,2	0,1312	0,0577	0,2285	0,0688	+0,0093	−0,1601	−0,1023	+0,0089	+0,0667
0,3	0,1238	0,0814	0,2033	0,0512	−0,0018	−0,1645	−0,0831	−0,0142	+0,0672
0,4	0,1136	0,0990	0,1708	0,0364	−0,0081	−0,1631	−0,0641	−0,0368	+0,0622
0,5	0,1006	0,1088	0,1335	0,0244	−0,0104	−0,1550	−0,0462	−0,0563	+0,0525
0,6	0,0851	0,1094	0,0946	0,0149	−0,0098	−0,1398	−0,0304	−0,0699	+0,0395
0,7	0,0670	0,0995	0,0579	0,0080	−0,0071	−0,1168	−0,0172	−0,0740	+0,0256
0,8	0,0467	0,0784	0,0270	0,0033	−0,0037	−0,0859	−0,0075	−0,0659	+0,0125
0,9	0,0244	0,0457	0,0059	0,0006	−0,0009	−0,0473	−0,0015	−0,0429	+0,0029
1,0	0	0	0	0	0	links	rechts	links	rechts

x	E	V	H	Scheitel $\mathfrak{M}$	Scheitel M	Linker Kämpfer $\mathfrak{M}$	Linker Kämpfer M
$\cdot 1/_2$	$\cdot 1$	—	$\cdot 1/f$	$\cdot 1$	$\cdot 1$	$\cdot 1$	$\cdot 1$

Stich = $1/_5$, $\varphi = 0,4$.

x	E	V	H	$\mathfrak{M}$	M	$\mathfrak{M}$	M
0,0	0,1376	0,0000	0,2538	0,1124	+0,0508	—0,1376	+0,0546
0,1	0,1365	0,0306	0,2498	0,0885	+0,0279	—0,1518 —0,1212	+0,0374 +0,0680
0,2	0,1321	0,0590	0,2337	0,0679	+0,0112	—0,1616 —0,1026	+0,0154 +0,0744
0,3	0,1247	0,0832	0,2081	0,0503	—0,0002	—0,1663 —0,0831	—0,0087 +0,0745
0,4	0,1144	0,1012	0,1749	0,0356	—0,0068	—0,1650 —0,0638	—0,0325 +0,0687
0,5	0,1013	0,1112	0,1368	0,0237	—0,0095	—0,1569 —0,0457	—0,0533 +0,0579
0,6	0,0856	0,1116	0,0969	0,0144	—0,0091	—0,1414 —0,0298	—0,0680 +0,0436
0,7	0,0674	0,1013	0,0591	0,0076	—0,0067	—0,1181 —0,0167	—0,0733 +0,0281
0,8	0,0469	0,0795	0,0275	0,0031	—0,0036	—0,0867 —0,0071	—0,0659 +0,0137
0,9	0,0244	0,0460	0,0059	0,0006	—0,0008	—0,0474 —0,0014	—0,0429 +0,0031
1,0	0	0	0	0	0	links rechts	links rechts

Stich = $1/_5$, $\varphi = 0,6$.

x	E	V	H	$\mathfrak{M}$	M	$\mathfrak{M}$	M
0,0	0,1381	0,0000	0,2578	0,1119	+0,0526	—0,1381	+0,0604
0,1	0,1370	0,0310	0,2537	0,0880	+0,0296	—0,1525 —0,1215	+0,0428 +0,0738
0,2	0,1326	0,0598	0,2375	0,0674	+0,0128	—0,1625 —0,1027	+0,0204 +0,0802
0,3	0,1251	0,0843	0,2118	0,0499	+0,0012	—0,1673 —0,0829	—0,0042 +0,0802
0,4	0,1148	0,1025	0,1783	0,0352	—0,0058	—0,1661 —0,0635	—0,0288 +0,0738
0,5	0,1017	0,1126	0,1396	0,0233	—0,0088	—0,1580 —0,0454	—0,0505 +0,0621
0,6	0,0859	0,1129	0,0990	0,0141	—0,0087	—0,1424 —0,0294	—0,0662 +0,0468
0,7	0,0676	0,1023	0,0604	0,0074	—0,0065	—0,1188 —0,0164	—0,0723 +0,0301
0,8	0,0471	0,0800	0,0281	0,0029	—0,0036	—0,0871 —0,0071	—0,0655 +0,0145
0,9	0,0245	0,0462	0,0061	0,0005	—0,0009	—0,0476 —0,0014	—0,0429 +0,0033
1,0	0	0	0	0	0	links rechts	links rechts

Stich = $1/_5$, $\varphi = 0,8$.

x	E	V	H	$\mathfrak{M}$	M	$\mathfrak{M}$	M
0,0	0,1390	0,0000	0,2619	0,1110	+0,0538	—0,1390	+0,0657
0,1	0,1379	0,0316	0,2577	0,0871	+0,0308	—0,1537 —0,1221	+0,0477 +0,0793
0,2	0,1334	0,0609	0,2414	0,0666	+0,0139	—0,1639 —0,1029	+0,0248 +0,0858
0,3	0,1259	0,0859	0,2152	0,0491	+0,0021	—0,1689 —0,0829	—0,0007 +0,0853
0,4	0,1155	0,1044	0,1812	0,0345	—0,0051	—0,1677 —0,0633	—0,0261 +0,0783
0,5	0,1023	0,1145	0,1418	0,0227	—0,0083	—0,1596 —0,0450	—0,0488 +0,0658
0,6	0,0864	0,1147	0,1004	0,0136	—0,0083	—0,1438 0,0290	—0,0553 +0,0495
0,7	0,0680	0,1037	0,0611	0,0070	—0,0063	—0,1199 —0,0161	—0,0721 +0,0317
0,8	0,0472	0,0809	0,0282	0,0028	—0,0034	—0,0877 —0,0067	—0,0657 +0,0153
0,9	0,0245	0,0464	0,0060	0,0005	—0,0008	—0,0477 —0,0013	—0,0430 +0,0034
1,0	0	0	0	0	0	links rechts	links rechts

Stich = $1/_5$, $\varphi = 1,00$.

x	E	V	H	$\mathfrak{M}$	M	$\mathfrak{M}$	M
0,0	0,1392	0,0000	0,2646	0,1108	+0,0551	—0,1392	+0,0697
0,1	0,1381	0,0318	0,2605	0,0869	+0,0321	—0,1540 —0,1222	+0,0517 +0,0835
0,2	0,1336	0,0614	0,2441	0,0664	+0,0150	—0,1643 —0,1029	+0,0284 +0,0898
0,3	0,1262	0,0866	0,2179	0,0488	+0,0029	—0,1695 —0,0829	+0,0025 +0,0891
0,4	0,1158	0,1052	0,1837	0,0342	—0,0045	—0,1684 —0,0632	—0,0234 +0,0818
0,5	0,1025	0,1154	0,1440	0,0225	—0,0078	—0,1602 —0,0448	—0,0465 +0,0689
0,6	0,0866	0,1155	0,1021	0,0134	—0,0081	—0,1444 —0,0288	—0,0638 +0,0518
0,7	0,0681	0,1043	0,0622	0,0069	—0,0062	—0,1203 —0,0159	—0,0712 +0,0332
0,8	0,0473	0,0812	0,0287	0,0027	—0,0033	—0,0879 —0,0067	—0,0652 +0,0160
0,9	0,0245	0,0465	0,0061	0,0005	—0,0008	—0,0478 —0,0012	—0,0430 +0,0036
1,0	0	0	0	0	0	links rechts	links rechts

Tabellen.

x	E	V	H	Scheitel $\mathfrak{M}$	Scheitel M	Linker Kämpfer $\mathfrak{M}$		Linker Kämpfer M	
·1/2	·1	—	·1/f	·1	·1	·1		·1	

Stich = $1/_6$, $\varphi = 0{,}2$.

0,0	0,1338	0,0000	0,2458	0,1162	+0,0492	−0,1338		+0,0450	
0,1	0,1327	0,0286	0,2419	0,0923	+0,0264	−0,1470	−0,1184	+0,0290	+0,0576
0,2	0,1284	0,0552	0,2266	0,0716	+0,0099	−0,1560	−0,1008	+0,0089	+0,0641
0,3	0,1214	0,0779	0,2023	0,0536	−0,0015	−0,1604	−0,0824	−0,0132	+0,0648
0,4	0,1115	0,0951	0,1707	0,0385	−0,0080	−0,1591	−0,0639	−0,0349	+0,0603
0,5	0,0990	0,1050	0,1343	0,0260	−0,0106	−0,1515	−0,0465	−0,0538	+0,0512
0,6	0,0839	0,1061	0,0960	0,0161	−0,0101	−0,1370	−0,0308	−0,0672	+0,0390
0,7	0,0663	0,0972	0,0592	0,0087	−0,0074	−0,1149	−0,0177	−0,0718	+0,0254
0,8	0,0464	0,0772	0,0280	0,0036	−0,0040	−0,0850	−0,0078	−0,0646	+0,0126
0,9	0,0243	0,0454	0,0062	0,0007	−0,0010	−0,0470	−0,0016	−0,0425	+0,0029
1,0	0	0	0	0	0	links	rechts	links	rechts

Stich = $1/_6$, $\varphi = 0{,}4$.

0,0	0,1347	0,0000	0,2505	0,1153	+0,0516	−0,1347		+0,0521	
0,1	0,1336	0,0292	0,2466	0,0914	+0,0287	−0,1482	−0,1190	+0,0357	+0,0649
0,2	0,1293	0,0564	0,2312	0,0707	+0,0119	−0,1575	−0,1011	+0,0149	+0,0713
0,3	0,1222	0,0798	0,2067	0,0528	+0,0003	−0,1621	−0,0823	−0,0079	+0,0719
0,4	0,1123	0,0973	0,1747	0,0377	−0,0067	−0,1610	−0,0636	−0,0307	+0,0667
0,5	0,0997	0,1074	0,1375	0,0253	−0,0097	−0,1534	−0,0460	−0,0509	+0,0565
0,6	0,0845	0,1083	0,0983	0,0155	−0,0095	−0,1387	−0,0303	−0,0654	+0,0430
0,7	0,0667	0,0989	0,0606	0,0083	−0,0071	−0,1162	−0,0172	−0,0710	+0,0280
0,8	0,0466	0,0782	0,0285	0,0034	−0,0038	−0,0857	−0,0075	−0,0644	+0,0138
0,9	0,0244	0,0457	0,0063	0,0006	−0,0010	−0,0473	−0,0015	−0,0426	+0,0032
1,0	0	0	0	0	0	links	rechts	links	rechts

Stich = $1/_6$, $\varphi = 0{,}6$.

0,0	0,1351	0,0000	0,2542	0,1149	+0,0534	−0,1351		+0,0576	
0,1	0,1340	0,0295	0,2502	0,0910	+0,0305	−0,1488	−0,1192	+0,0409	+0,0705
0,2	0,1298	0,0570	0,2348	0,0702	+0,0134	−0,1583	−0,1013	+0,0197	+0,0767
0,3	0,1226	0,0806	0,2102	0,0524	+0,0016	−0,1629	−0,0823	−0,0035	+0,0771
0,4	0,1127	0,0983	0,1779	0,0373	−0,0057	−0,1619	−0,0635	−0,0270	+0,0714
0,5	0,1001	0,1084	0,1403	0,0249	−0,0090	−0,1543	−0,0459	−0,0479	+0,0605
0,6	0,0847	0,1093	0,1005	0,0153	−0,0090	−0,1394	−0,0300	−0,0632	+0,0462
0,7	0,0669	0,0997	0,0620	0,0081	−0,0069	−0,1168	−0,0170	−0,0698	+0,0300
0,8	0,0467	0,0786	0,0292	0,0033	−0,0038	−0,0860	−0,0074	−0,0639	+0,0147
0,9	0,0244	0,0458	0,0064	0,0006	−0,0009	−0,0473	−0,0015	−0,0424	+0,0034
1,0	0	0	0	0	0	links	rechts	links	rechts

Stich = $1/_6$, $\varphi = 0{,}8$.

0,0	0,1356	0,0000	0,2569	0,1144	+0,0550	−0,1356		+0,0619	
0,1	0,1345	0,0298	0,2530	0,0905	+0,0320	−0,1494	−0,1196	+0,0451	+0,0749
0,2	0,1302	0,0576	0,2375	0,0698	+0,0148	−0,1590	−0,1014	+0,0235	+0,0811
0,3	0,1231	0,0814	0,2128	0,0519	+0,0027	−0,1638	−0,0824	−0,0002	+0,0812
0,4	0,1131	0,0993	0,1803	0,0369	−0,0048	−0,1628	−0,0634	−0,0242	+0,0752
0,5	0,1004	0,1095	0,1424	0,0246	−0,0084	−0,1552	−0,0456	−0,0458	+0,0638
0,6	0,0850	0,1103	0,1020	0,0150	−0,0086	−0,1402	−0,0298	−0,0618	+0,0486
0,7	0,0671	0,1004	0,0631	0,0079	−0,0067	−0,1173	−0,0169	−0,0688	+0,0316
0,8	0,0468	0,0790	0,0298	0,0032	−0,0037	−0,0863	−0,0073	−0,0634	+0,0156
0,9	0,0244	0,0459	0,0066	0,0006	−0,0009	−0,0474	−0,0014	−0,0423	+0,0037
1,0	0	0	0	0	0	links	rechts	links	rechts

Kögler, Gewölbe.

Berechnung der Stützliniengewölbe.

x	E	V	H	Scheitel 𝔐	Scheitel M	Linker Kämpfer 𝔐		Linker Kämpfer M	
·1/2	·l	—	·l/f	·l	·l	·l		·l	

Stich = ¹/₈, $\varphi = 0{,}2$.

0,0	0,1304	0,0000	0,2428	0,1196	+0,0501	−0,1304		+0,0429	
0,1	0,1293	0,0272	0,2390	0,0957	+0,0273	−0,1429	−0,1157	+0,0277	+0,0549
0,2	0,1253	0,0526	0,2244	0,0747	+0,0105	−0,1516	−0,0990	+0,0086	+0,0612
0,3	0,1186	0,0745	0,2011	0,0564	−0,0012	−0,1559	−0,0813	−0,0124	+0,0622
0,4	0,1092	0,0912	0,1706	0,0408	−0,0080	−0,1548	−0,0636	−0,0330	+0,0582
0,5	0,0972	0,1012	0,1351	0,0278	−0,0109	−0,1478	−0,0466	−0,0514	+0,0498
0,6	0,0826	0,1029	0,0973	0,0174	−0,0104	−0,1341	−0,0311	−0,0646	+0,0384
0,7	0,0655	0,0948	0,0607	0,0095	−0,0079	−0,1129	−0,0181	−0,0696	+0,0252
0,8	0,0460	0,0759	0,0290	0,0040	−0,0043	−0,0840	−0,0080	−0,0633	+0,0127
0,9	0,0242	0,0451	0,0065	0,0008	−0,0011	−0,0468	−0,0016	−0,0422	+0,0030
1,0	0	0	0	0	0	links	rechts	links	rechts

Stich = ¹/₈, $\varphi = 0{,}4$.

0,0	0,1308	0,0000	0,2465	0,1192	+0,0526	−0,1308		+0,0491	
0,1	0,1298	0,0275	0,2428	0,0952	+0,0296	−0,1436	−0,1160	+0,0336	+0,0612
0,2	0,1258	0,0531	0,2282	0,0742	+0,0126	−0,1524	−0,0992	+0,0142	+0,0674
0,3	0,1190	0,0753	0,2048	0,0560	+0,0007	−0,1567	−0,0813	−0,0072	+0,0682
0,4	0,1096	0,0922	0,1741	0,0404	−0,0066	−0,1557	−0,0635	−0,0286	+0,0636
0,5	0,0975	0,1023	0,1382	0,0275	−0,0098	−0,1487	−0,0463	−0,0478	+0,0546
0,6	0,0829	0,1039	0,0998	0,0171	−0,0099	−0,1349	−0,0309	−0,0621	+0,0419
0,7	0,0657	0,0957	0,0624	0,0093	−0,0076	−0,1136	−0,0178	−0,0681	+0,0277
0,8	0,0461	0,0764	0,0299	0,0039	−0,0042	−0,0843	−0,0079	−0,0625	+0,0139
0,9	0,0243	0,0452	0,0067	0,0007	−0,0011	−0,0469	−0,0017	−0,0420	+0,0032
1,0	0	0	0	0	0	links	rechts	links	rechts

Stich = ¹/₈, $\varphi = 0{,}6$.

0,0	0,1313	0,0000	0,2493	0,1187	+0,0546	−0,1313		+0,0539	
0,1	0,1303	0,0278	0,2457	0,0947	+0,0316	−0,1442	−0,1164	+0,0384	+0,0662
0,2	0,1262	0,0537	0,2311	0,0738	+0,0144	−0,1530	−0,0994	+0,0187	+0,0723
0,3	0,1195	0,0761	0,2077	0,0555	+0,0021	−0,1576	−0,0814	−0,0033	+0,0729
0,4	0,1100	0,0933	0,1769	0,0400	−0,0055	−0,1567	−0,0633	−0,0253	+0,0681
0,5	0,0979	0,1034	0,1406	0,0271	−0,0090	−0,1496	−0,0462	−0,0451	+0,0583
0,6	0,0832	0,1049	0,1017	0,0168	−0,0093	−0,1357	−0,0307	−0,0601	+0,0449
0,7	0,0659	0,0965	0,0637	0,0091	−0,0073	−0,1142	−0,0176	−0,0669	+0,0297
0,8	0,0462	0,0769	0,0305	0,0038	−0,0040	−0,0847	−0,0077	−0,0620	+0,0150
0,9	0,0243	0,0454	0,0069	0,0007	−0,0011	−0,0470	−0,0016	−0,0419	+0,0035
1,0	0	0	0	0	0	links	rechts	links	rechts

Stich = ¹/₁₀, $\varphi = 0{,}2$.

0,0	0,1285	0,0000	0,2413	0,1215	+0,0505	−0,1285		+0,0418	
0,1	0,1275	0,0264	0,2376	0,0975	+0,0276	−0,1407	−0,1143	+0,0270	+0,0534
0,2	0,1235	0,0511	0,2233	0,0765	+0,0108	−0,1491	−0,0979	+0,0085	+0,0594
0,3	0,1170	0,0724	0,2005	0,0580	−0,0010	−0,1532	−0,0808	−0,0117	+0,0607
0,4	0,1078	0,0889	0,1705	0,0422	−0,0080	−0,1523	−0,0633	−0,0320	+0,0570
0,5	0,0961	0,0989	0,1355	0,0289	−0,0110	−0,1456	−0,0466	−0,0500	+0,0490
0,6	0,0818	0,1009	0,0981	0,0182	−0,0107	−0,1323	−0,0313	−0,0631	+0,0379
0,7	0,0650	0,0934	0,0615	0,0100	−0,0081	−0,1117	−0,0183	−0,0683	+0,0251
0,8	0,0458	0,0751	0,0296	0,0042	−0,0045	−0,0830	−0,0082	−0,0625	+0,0127
0,9	0,0242	0,0449	0,0067	0,0008	−0,0012	−0,0467	−0,0017	−0,0420	+0,0030
1,0	0	0	0	0	0	links	rechts	links	rechts

x	E	V	H	Scheitel $\mathfrak{M}$	Scheitel M	Linker Kämpfer $\mathfrak{M}$	Linker Kämpfer M
$\cdot 1/_2$	$\cdot 1$	—	$\cdot 1/f$	$\cdot 1$	$\cdot 1$	$\cdot 1$	$\cdot 1$

Stich $^1/_{10}$, $\varphi = 0.4$.

0,0	0,1287	0,0000	0,2444	0,1213	+0,0531	0,1287	+0,0475
0,1	0,1277	0,0266	0,2408	0,0973	+0,0301	−0,1410 −0,1144	+0,0326 +0,0592
0,2	0,1238	0,0515	0,2265	0,0762	+0,0130	−0,1496 −0,0980	+0,0137 +0,0653
0,3	0,1172	0,0731	0,2038	0,0578	+0,0009	−0,1538 −0,0806	−0,0069 +0,0663
0,4	0,1081	0,0897	0,1738	0,0419	−0,0066	−0,1530 −0,0632	−0,0277 +0,0621
0,5	0,0963	0,0998	0,1386	0,0287	−0,0100	−0,1462 −0,0464	−0,0463 +0,0535
0,6	0,0820	0,1017	0,1006	0,0180	−0,0101	−0,1329 −0,0311	−0,0604 +0,0414
0,7	0,0652	0,0940	0,0633	0,0098	−0,0079	−0,1122 −0,0182	−0,0666 +0,0274
0,8	0,0459	0,0755	0,0306	0,0041	−0,0044	−0,0837 −0,0081	−0,0616 +0,0140
0,9	0,0242	0,0450	0,0070	0,0008	−0,0012	−0,0467 −0,0017	−0,0417 +0,0033
1,0	0	0	0	0	0	links rechts	links rechts

Stich $= {}^1/_{12}$, $\varphi = 0.2$.

0,0	0,1273	0,0000	0,2402	0,1227	+0,0508	−0,1273	+0,0410
0,1	0,1263	0,0259	0,2366	0,0987	+0,0278	−0,1393 −0,1133	+0,0264 +0,0524
0,2	0,1224	0,0502	0,2225	0,0776	+0,0110	−0,1475 −0,0973	+0,0084 +0,0586
0,3	0,1160	0,0713	0,2000	0,0590	−0,0009	−0,1517 −0,0803	−0,0116 +0,0598
0,4	0,1070	0,0876	0,1704	0,0430	−0,0080	−0,1508 −0,0632	−0,0314 +0,0562
0,5	0,0954	0,0976	0,1357	0,0296	−0,0110	−0,1442 −0,0466	−0,0491 +0,0485
0,6	0,0813	0,0997	0,0985	0,0187	−0,0108	−0,1312 −0,0314	−0,0622 +0,0376
0,7	0,0647	0,0926	0,0619	0,0102	−0,0082	−0,1110 −0,0184	−0,0676 +0,0250
0,8	0,0456	0,0747	0,0299	0,0044	−0,0046	−0,0830 −0,0082	−0,0621 +0,0127
0,9	0,0241	0,0448	0,0068	0,0009	−0,0011	−0,0465 −0,0017	−0,0417 +0,0031
1,0	0	0	0	0	0	links rechts	links rechts

Stich $= {}^1/_{12}$, $\varphi = 0.4$.

0,0	0,1278	0,0000	0,2435	0,1222	+0,0534	−0,1278	+0,0469
0,1	0,1268	0,0262	0,2399	0,0982	+0,0305	−0,1399 −0,1137	+0,0323 +0,0585
0,2	0,1229	0,0507	0,2259	0,0771	+0,0133	−0,1483 −0,0975	+0,0138 +0,0646
0,3	0,1164	0,0720	0,2034	0,0586	+0,0012	−0,1524 −0,0804	−0,0064 +0,0656
0,4	0,1074	0,0884	0,1737	0,0426	−0,0065	−0,1516 −0,0632	−0,0270 +0,0614
0,5	0,0957	0,0985	0,1388	0,0293	−0,0099	−0,1450 −0,0464	−0,0454 +0,0532
0,6	0,0816	0,1005	0,1011	0,0184	−0,0102	−0,1319 −0,0313	−0,0594 +0,0412
0,7	0,0649	0,0932	0,0638	0,0101	−0,0079	−0,1115 −0,0183	−0,0657 +0,0275
0,8	0,0457	0,0750	0,0309	0,0043	−0,0044	−0,0832 −0,0082	−0,0610 +0,0140
0,9	0,0242	0,0449	0,0071	0,0008	−0,0012	−0,0467 −0,0017	−0,0416 +0,0034
1,0	0	0	0	0	0	links rechts	links rechts

Zweiter Abschnitt.
Einflußlinien für parabolische Bögen.
Zur Vollständigkeit seien zunächst die diesem zweiten Abschnitte zugrunde gelegten **Voraussetzungen** nochmals wiederholt:
1. Die Achse des Bogens hat die Form einer quadratischen Parabel.
2. Die Stärken des Gewölbes sind so bemessen, daß der Wert $J \cdot \cos \alpha$ unveränderlich bleibt.

($J =$ Trägheitsmoment des Querschnitts, α Neigungswinkel des Halbmessers gegen die Lotrechte.)

a) Verfahren von Landsberg.

Auf Grund dieser Annahmen hat schon Th. Landsberg in der Zeitschrift d. Vereins deutscher Ingenieure 1901, S. 1765 (Handb. d. Ing. Wiss. II, 1) ein wertvolles Verfahren entwickelt, das eine einfache Untersuchung des beiderseits eingespannten, elastischen Bogens ermöglicht. Das Verfahren nach Landsberg ist rein zeichnerisch. Für jede auf dem Bogen ruhende Last wird der Kämpferdruck nach Größe, Richtung und Lage ermittelt; sämtliche Kämpferdrücke setzt man geometrisch zusammen (Kraft- und Seileck) und zeichnet dann mit Hilfe der Gesamtkämpferkraft zu sämtlichen Lasten des Seilecks die Stützlinie. Da jeder Querschnitt eine, bzw. zwei besondere, ihm eigentümliche ungünstigste Laststellungen hat, so folgt die Notwendigkeit, für jeden Schnitt eine bzw. zwei Stützlinien (jede wenigstens zum Teil) zu zeichnen. Aus der Lage der Stützlinie im betr. Schnitte folgen dessen Beanspruchungen.

Nun sind aber die Stärken und Abmessungen des Gewölbes im Vergleich zu seiner Stützweite und Pfeilhöhe doch sehr gering;

entsprechend gering wird auch die Genauigkeit sein bei der Bestimmung der Lage der Stützlinie im Gewölbequerschnitt, im Verhältnis zur Genauigkeit der Gesamtzeichnung. Die Benutzung der Stützlinie zur Ermittlung der Momente muß demnach zwar als einfach, aber als wenig genau bezeichnet werden.

b) Aufzeichnung von Einflußlinien.

Der im folgenden angegebene Weg der Untersuchung parabolischer Bögen mit Hilfe von Einflußlinien liefert genauere Werte, ohne deswegen umständlicher zu sein. Man kann sogar behaupten, daß er noch etwas einfacher ist als das rein zeichnerische Verfahren, sobald es sich, wie ja meist, um die Berücksichtigung verschiedener Verkehrslasten handelt.

Rechnungsgang. Bei der Ableitung der Ausdrücke für die statisch unbestimmten Größen werden zur Vereinfachung die Formeln benutzt, wie sie z. B. von Mehrtens in seinen „Vorlesungen über Statik der Baukonstruktionen", III. Band, S. 300 ff.

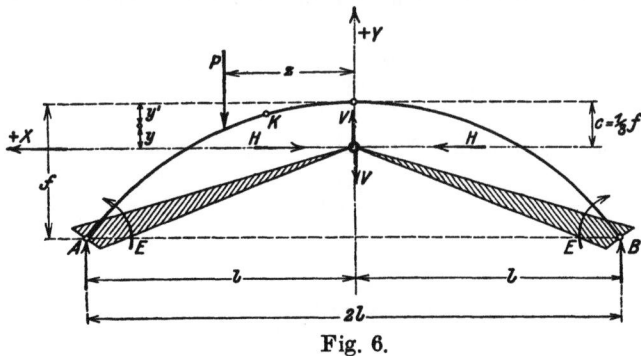

Fig. 6.

(1. Aufl.) angegeben sind, zum Teil mit etwas anderer, aber wohl ohne weiteres verständlicher Bezeichnungsweise. Vgl. Fig. 6. In den genannten Formeln ist die Formänderung des Gewölbes infolge der Längskräfte gegenüber derjenigen durch die Biegungsmomente vernachlässigt; diese Annahme ist hier um so mehr berechtigt, als es sich zunächst nur um die Verkehrslasten handelt, die nur kleine Längskräfte erzeugen. Die Formänderung unter den Längskräften aus den ständigen Lasten kann in besonderer Weise berücksichtigt werden (vgl. Abschnitt 1). Man

findet an der genannten Stelle die bekannten Gleichungen (vgl. Fig. 6):

1) . . . . $E = P \cdot \dfrac{M_w}{\int dw}$

2) . . . . $V = P \cdot \dfrac{M_{wx}}{\int x^2\, dw}$

3) . . . . $H = P \cdot \dfrac{M_{wy}}{\int y^2\, dw}$.

Zunächst ist zu beachten, daß die elastischen (dw-) Kräfte einen unveränderlichen Wert besitzen, und zwar:

4) . . . . . . $dw = \dfrac{ds}{J} = \dfrac{dx}{J \cdot \cos \varphi} = \dfrac{dx}{J_s}$.

da nach der Voraussetzung 2 der Wert $J \cdot \cos \varphi$ sich nicht ändert, also in allen Querschnitten gleich dem Werte des Trägheitsmomentes für den Scheitelquerschnitt, J_s, bleibt. Die Gleichung der Parabel lautet in bezug auf ein Koordinatensystem durch den Scheitel:

5) . . . . $x^2 = \dfrac{l^2}{f} \cdot y'$,

in bezug auf das in die Fig. 6 eingetragene Koordinatensystem:

$$x^2 = \dfrac{l^2}{f}(c - y)$$

oder:

6) . . . . $y = c - f \cdot \dfrac{x^2}{l^2}$.

Der Koordinaten-Anfangspunkt O liegt im Schwerpunkt der elastischen Gewichte dw; dessen Abstand c vom Scheitel ist also zuerst zu suchen. Man hat die Bedingung:

7) . . . . $\int y \cdot dw = 0$,

oder mit $c = y + y'$:

$$0 = \int (c - y')\, dw = \int c \cdot dw - \int y' \cdot dw = c \int dw - \dfrac{f}{l^2} \int x^2\, dw$$

$$= \dfrac{c}{J_s} \int dx - \dfrac{f}{J_s \cdot l^2} \cdot \int x^2\, dx = \dfrac{c \cdot l}{J_s} - \dfrac{f \cdot l}{3 J_s} = 0,$$

woraus folgt:

8) . . . . $c = 1/3 \cdot f$.

Weiterhin braucht man die über das ganze Gewölbe ausgedehnten Summen:

9) . . . . . $\int dw = \dfrac{1}{J_s} \cdot \int_{-1}^{+1} dx = 2 \cdot \dfrac{1}{J_s}$,

10) . . . . . $\int x^2 \, dw = \int_{-1}^{+1} \dfrac{x^2 \, dx}{J_s} = 2/3 \cdot \dfrac{l^3}{J_s}$,

11) $\int y^2 \, dw = \int_{-1}^{+1} \left(c - \dfrac{x^2 \cdot f}{l^2} \right)^2 \cdot \dfrac{dx}{J_s} = \dfrac{2\,l}{J_s} (c^2 - 2/3 \, c \cdot f + 1/5 \, f^2)$

und mit $c = 1/3 \, f$:

12) . . . . $\int y^2 \, dw = \dfrac{8}{45} \cdot \dfrac{l f^2}{J_s}$.

Die Ausdrücke M_w, M_{wx} und M_{wy} sind die Balkenbiegungsmomente der elastischen Kräfte: dw, $(x \cdot dw)$ und $(y \cdot dw)$; zu ihrer Ermittlung in bezug auf einen beliebigen Punkt (Stellung der Last $P = 1$ in $x = z$ auf dem linken Bogenteile) hat man den linken Auflagerdruck A_w der dw-Kräfte zu ermitteln und mit diesem das Balkenbiegungsmoment auszudrücken. Es wird zur Berechnung von M_w

$$A_w = \frac{1}{2} \int dw = \frac{1}{J_s}$$

und damit:

$$M_w = A_w \cdot (l - z) - \int_{x=z}^{x=l} (x - z) \, dw$$

$$= \frac{1}{J_s}(l - z) - \frac{1}{J_s} \int_{x=z}^{x=l} (x - z) \, dx = \frac{1}{J_s}\left\{ l(l-z) - \frac{1}{2}(l-z)^2 \right\}$$

$$= \frac{l^2 - z^2}{2 J_e}$$

und mit der Abkürzung $z : l = \alpha$:

13) . . . . $M_w = \dfrac{l^2}{2\,J_s}\,(1 - \alpha^2)$.

Aus 13, 9 und 1 folgt:

14) . . . . $E = \tfrac{1}{4} \cdot P \cdot l\,(1 - \alpha^2)$.

Zur Berechnung von M_{wx} hat man weiter:

$$A_{wx} = \frac{1}{2\,l} \int_{-1}^{+1} x\,(x\,dw) = \frac{1}{2\,l \cdot J_s} \cdot {}^2\!/_3\, l^3 = \frac{1}{3} \cdot \frac{l^2}{J_s}$$

und damit:

$$M_{wx} = {}^1\!/_3\,\frac{l^2}{J_s}\,(1 - z) - \int_{x=z}^{x=l} (x - z)\,x\,dw$$

$$= \frac{1}{J_s}\left\{ {}^1\!/_3\, l^2\,(1 - z) - \int_{x=z}^{x=l} x\,(x - z)\,dx \right\}$$

$$= \frac{1}{J_s}\left\{ {}^1\!/_3\, l^2\,(1 - z) - {}^1\!/_3\,(l^3 - z^3) + z/_2\,(l^2 - z^2) \right\}$$

$$= \frac{1}{J_s} \cdot \frac{l^2 \cdot z - z^3}{6}$$

und mit der Abkürzung $z : l = \alpha$:

15) . . . . $M_{wx} = \dfrac{l^3}{6\,J_s} \cdot \alpha\,(1 - \alpha^2)$.

Aus 15, 10 und 2 folgt:

16) . . . . $V = \tfrac{1}{4}\,P \cdot \alpha\,(1 - \alpha^2)$.

Zur Berechnung von M_{wy} hat man endlich (nach Gl. 7):

$$A_{wy} = \int_0^l (y\,dw) = 0.$$

Somit wird:

$$M_{wy} = -\int_{x=z}^{x=l} (y \cdot dw)\,(x - z) = -\frac{1}{J_s}\int_{x=z}^{x=l} (x - z)\left(c - \frac{x^2 \cdot f}{l^2}\right) dx$$

$$= -\frac{1}{J_s}\left\{\frac{c}{2}(l-z)^2 - \frac{f}{4\,l^2}(l^4-z^4) + \frac{f\cdot z}{3\,l^2}(l^3-z^3)\right\}.$$

Daraus folgt, unter Beachtung, daß $c = {}^1/_3\,f$, und mit der Abkürzung $z:l = \alpha$:

17) . . . . $M_{wy} = \dfrac{f\cdot l^2}{12\cdot J_s}(1-\alpha^2)^2.$

Aus 17, 12 und 3 ergibt sich endlich:

18) . . . . $H = P \cdot \dfrac{15\cdot l}{32\,f}(1-\alpha^2)^2.$

Außer den Biegungsmomenten des statisch bestimmten Hauptnetzes, des Balkens auf 2 Stützen, wirken also auf das Tragwerk die 3 statisch unbestimmten Größen: E, V und H, die an den in den beiden Kämpfern befestigt angenommenen (schraffierten) Scheiben angreifend zu denken sind. Bezeichnet man das Biegungsmoment des Balkens auf 2 Stützen mit $\mathfrak{M}'$, positiv wirkend, wenn es an der Gewölbeinnenseite Zug erzeugt, so lautet das Gesamtmoment in bezug auf einen beliebigen Punkt K mit den Koordinaten (x, y) des Gewölbes:

19) . . . . $M = \mathfrak{M}' - E - V\cdot x - H\cdot y.$

Die Summe der drei ersten Glieder der rechten Seite hängt nur von x ab, nicht von der Ordinate des Momentenpunktes und der Bogenkraft; sie stellt das Balkenmoment des beiderseits eingespannten Balkens dar und soll als solches kurz mit $\mathfrak{M}$ bezeichnet werden. Dann ist:

20) . . . . $M = \mathfrak{M} - H\cdot y.$

Daß bei der Ermittlung von $\mathfrak{M}$ darauf Rücksicht zu nehmen ist, ob die Last P rechts oder links vom betrachteten Momentenpunkte liegt, und daß dementsprechend entweder die am linken oder die am rechten Kämpfer angreifenden statisch unbestimmten Größen zu nehmen sind, ist ja selbstverständlich.

c) Darstellung der Ergebnisse.

Für verschiedene Lagen des Momentenpunktes zwischen $x:l = 0$ und $x:l = 1$ und für verschiedene Lagen von P zwischen $\alpha = 1$ (linker Kämpfer) und $\alpha = -1$ (rechter Kämpfer)

Einflußlinien für parabolische Bögen.

α	Werte m . 10^5; Lage des zu untersuchenden Quer-									
	1,00	0,95	0,90	0,85	0,80	0,75	0,70	0,65	0,60	0,55
1,00	0	0	0	0	0	0	0	0	0	0
0,95	− 2376	**118**	113	109	104	100	95	91	86	82
0,90	− 4514	− 2032	**450**	432	414	596	378	360	342	323
0,85	− 6417	− 3957	− 1497	**963**	923	882	842	802	762	722
0,80	− 8100	− 5670	− 3240	− 810	**1620**	1550	1480	1410	1340	1270
0,75	− 9570	− 7177	− 4785	− 2392	± 0	**2391**	2284	2177	2070	1962
0,70	− 10838	− 8490	− 6142	− 3497	− 1446	902	**3251**	3099	2947	2795
0,65	− 11910	− 9613	− 7316	− 5019	− 2722	− 425	1872	**4170**	3967	3764
0,60	− 12800	− 10560	− 8320	− 6080	− 3840	− 1600	640	2880	**5120**	4860
0,55	− 13514	− 11337	− 9159	− 6982	− 4805	− 2628	− 450	1727	3904	**6081**
0,50	− 14063	− 11953	− 9844	− 7735	− 5626	− 3516	− 1407	702	2812	4921
0,45	− 14455	− 12418	− 10382	− 8345	− 6308	− 4271	− 2235	− 198	1839	3876
0,40	− 14700	− 12740	− 10780	− 8820	− 6860	− 4900	− 2940	− 980	980	2940
0,35	− 14807	− 12927	− 11048	− 9168	− 7289	− 5410	− 3530	− 1651	228	2108
0,30	− 14788	− 12992	− 11195	− 9401	− 7606	− 5810	− 4015	− 2219	− 424	1372
0,25	− 14648	− 12939	− 11230	− 9521	− 7812	− 6103	− 4394	− 2685	− 976	733
0,20	− 14400	− 12780	− 11160	− 9540	− 7920	− 6300	− 4680	− 3060	− 1440	180
0,15	− 14052	− 12523	− 10993	− 9464	− 7935	− 6406	− 4877	− 3348	− 1819	− 290
0,10	− 13612	− 12175	− 10739	− 9302	− 7865	− 6428	− 4991	− 3554	− 2117	− 680
0,05	− 13092	− 11748	− 10405	− 9061	− 7717	− 6374	− 5030	− 3687	− 2343	− 999
0,00	− 12500	− 11250	− 10000	− 8750	− 7500	− 6250	− 5000	− 3750	− 2500	− 1250
0,05	− 11845	− 10689	− 9532	− 8376	− 7220	− 6064	− 4907	− 3751	− 2595	− 1439
0,10	− 11137	− 10074	− 9011	− 7948	− 6885	− 5822	− 4758	− 3695	− 2632	− 1569
0,15	− 10386	− 9415	− 8444	− 7473	− 6503	− 5532	− 4561	− 3590	− 2619	− 1648
0,20	− 9600	− 8720	− 7840	− 6960	− 6080	− 5200	− 4320	− 3440	− 2560	− 1680
0,25	− 8789	− 7998	− 7207	− 6316	− 5625	− 4834	− 4043	− 3252	− 2461	− 1670
0,30	− 7963	− 7259	− 6554	− 5842	− 5146	− 4441	− 3737	− 3032	− 2328	− 1624
0,35	− 7129	− 6508	− 5888	− 5267	− 4647	− 4026	− 3406	− 2785	− 2165	− 1544
0,40	− 6300	− 5760	− 5220	− 4680	− 4140	− 3600	− 3060	− 2520	− 1980	− 1440
0,45	− 5483	− 5020	− 4556	− 4093	− 3630	− 3167	− 2704	− 2241	− 1778	− 1315
0,50	− 4688	− 4297	− 3907	− 3516	− 3125	− 2735	− 2344	− 1954	− 1563	− 1173
0,55	− 3924	− 3601	− 3279	− 2956	− 2633	− 2310	− 1988	− 1665	− 1342	− 1019
0,60	− 3200	− 2940	− 2680	− 2420	− 2160	− 1900	− 1640	− 1380	− 1120	− 860
0,65	− 2526	− 2323	− 2120	− 1917	− 1714	− 1511	− 1309	− 1106	− 903	− 700
0,70	− 1913	− 1761	− 1610	− 1458	− 1306	− 1154	− 1002	− 850	− 698	− 546
0,75	− 1367	− 1259	− 1152	− 1044	− 937	− 830	− 722	− 615	− 508	− 400
0,80	− 900	− 830	− 760	− 690	− 620	− 550	− 480	− 410	− 340	− 270
0,85	− 520	− 480	− 440	− 400	− 360	− 320	− 280	− 240	− 200	− 160
0,90	− 238	− 220	− 202	− 184	− 166	− 148	− 130	− 112	− 93	− 75
0,95	− 61	− 56	− 52	− 47	− 43	− 38	− 34	− 29	− 24	− 19
1,00	− 0	− 0	− 0	− 0	− 0	− 0	− 0	− 0	− 0	− 0

Lage der Last $P = 1$. links / rechts

Darstellung der Ergebnisse. 43

schnittes auf linker Gewölbehälfte; $x:l =$											Differenzen		$h \cdot 10^5$	α
0,50	0,45	0,40	0,35	0,30	0,25	0,20	0,15	0,10	0,05	0,00	Δ_l	Δ_r		
0	0	0	0	0	0	0	0	0	0	0	2500	0	0	1,0
77	73	68	63	58	54	50	45	41	36	31	2494	5	59	0,95
305	287	269	251	233	215	197	178	160	142	124	2482	18	226	0,90
682	642	602	562	522	482	442	401	361	321	281	2460	40	481	0,85
1200	1130	1060	990	920	850	780	710	640	570	500	2430	70	810	0,80
1855	1748	1641	1534	1426	1319	1211	1104	996	889	781	2392	108	1196	0,75
2643	2491	2339	2188	2036	1884	1732	1580	1428	1276	1124	2348	152	1626	0,70
3561	3358	3155	2952	2749	2546	2343	2141	1938	1735	1532	2297	203	2084	0,65
4600	4340	4080	3820	3560	3300	3040	2780	2520	2260	2000	2240	260	2560	0,60
5758	5435	5112	4790	4467	4144	3821	3499	3176	2853	2530	2177	323	3041	0,55
7030	6640	6249	5859	5468	5078	4687	4297	3906	3515	3126	2109	391	3516	0,50
5912	7949	7487	7023	6560	6097	5634	5170	4707	4244	3781	2037	463	3975	0,45
4900	6860	8820	8280	7740	7200	6660	6120	5580	5040	4500	1960	540	4410	0,40
3987	5867	7746	9625	9005	8384	7764	7143	6523	5902	5282	1880	620	4812	0,35
3167	4963	6759	8556	10351	9647	8942	8237	7533	6829	6124	1796	704	5176	0,30
2442	4151	5860	7569	9278	10986	10195	9404	8613	7822	7031	1709	791	5493	0,25
1800	3420	5040	6660	8280	9900	11520	10640	9762	8880	8000	1620	880	5760	0,20
1240	2769	4298	5827	7356	8885	10414	11944	10973	10002	9031	1529	971	5972	0,15
757	2194	3630	5067	6503	7940	9377	10814	12251	11188	10125	1437	1063	6125	0,10
344	1688	3032	4375	5719	7062	8406	9750	11094	12437	11281	1344	1156	6219	0,05
± 0	1250	2500	3750	5000	6250	7500	8750	10000	11250	12500	1250	1250	6250	0,00
− 282	874	2030	3187	4343	5500	6656	7812	8969	10125	11281	1156	—	6219	0,05
− 506	557	1620	2683	3747	4810	5873	6936	7999	9062	10125	1063	—	6125	0,10
− 677	294	1264	2235	3206	4177	5148	6119	7090	8061	9031	971	—	5972	0,15
− 800	80	960	1840	2720	3600	4480	5360	6240	7120	8000	880	—	5760	0,20
− 879	− 88	703	1494	2285	3076	3867	4658	5449	6240	7031	791	—	5493	0,25
− 919	− 215	489	1194	1898	2603	3307	4011	4716	5420	6124	704	—	5176	0,30
− 924	− 303	318	938	1559	2179	2800	3421	4041	4662	5282	620	—	4812	0,35
− 900	− 360	180	720	1260	1800	2340	2880	3420	3960	4500	540	—	4410	0,40
− 851	− 388	75	538	1002	1465	1928	2391	2855	3318	3781	463	—	3975	0,45
− 782	− 391	± 0	390	781	1171	1562	1952	2343	2734	3124	391	—	3516	0,50
− 697	− 374	− 51	272	594	917	1240	1562	1885	2207	2530	323	—	3041	0,55
− 600	− 340	− 80	180	440	700	960	1220	1480	1740	2000	260	—	2560	0,60
− 497	− 294	− 91	112	314	517	720	923	1126	1329	1532	203	—	2084	0,65
− 394	− 242	− 91	61	213	365	517	669	820	972	1124	152	—	1626	0,70
− 293	− 185	− 77	30	138	245	352	459	567	674	781	108	—	1196	0,75
− 200	− 130	− 60	10	80	150	220	290	360	430	500	70	—	810	0,80
− 120	− 80	− 40	1	41	81	121	161	201	241	281	40	—	481	0,85
− 57	− 39	− 21	− 3	16	34	52	70	88	106	124	18	—	226	0,90
− 15	− 10	− 6	− 1	3	8	12	17	21	26	31	5	—	59	0,95
− 0	− 0	− 0	− 0	0	0	0	0	0	0	0	0	—	0	1,00

sind die $\mathfrak{M}$ in der folgenden Zahlentafel zusammengestellt, und zwar die Werte $\mathfrak{m} \cdot 10^5$, wenn man $\mathfrak{M}$ in der Form schreibt:

21) . . . . $\mathfrak{M} = P \cdot (2\,l) \cdot \mathfrak{m}$.

Es sei nochmals ausdrücklich darauf hingewiesen, daß die Werte $\mathfrak{m}$ der Zahlentafel auch ohne weiteres zur Aufzeichnung der Einflußlinien des beiderseits eingespannten Balkens benutzt werden können.

In gleicher Weise sind die H in der Zahlentafel dargestellt, und zwar durch die Werte $\mathfrak{h} \cdot 10^5$, wenn man H in der Form schreibt:

22) . . . . $H = P \cdot \dfrac{(2\,l)}{{}^4/_{15} \cdot f} \cdot \left(\dfrac{1-\alpha^2}{4}\right)^2 = P \cdot \dfrac{(2\,l)}{r} \cdot \mathfrak{h}$,

worin

23) . . . . $r = {}^4/_{15} \cdot f$

zur Abkürzung eingeführt ist. Das Moment M nach Gl. 20 läßt sich schließlich in der Form schreiben.

24) . . . . $M = P \cdot (2\,l)\left(\mathfrak{m} - \mathfrak{h} \cdot \dfrac{y}{r}\right)$

d) Anwendung der Ergebnisse.

Um nun die Einflußlinie des Biegungsmomentes für irgendeinen Querschnittspunkt aufzuzeichnen, hat man nur folgendes zu tun. Den zu untersuchenden Querschnitt wird man meist so wählen können, daß der Wert x : l eine der im Kopfe der Tabelle stehenden Zahlen ergibt; dann entnimmt man der Tabelle die dem Werte x : l entsprechenden Zahlen $\mathfrak{m}$ und zieht von ihnen die mit $\dfrac{y}{r}$ erweiterten Zahlen $\mathfrak{h}$ ab. Sämtliche so erhaltenen Einflußlinien haben den Beiwert $(2\,l)$. Das Vorzeichen von y ist zu beachten.

Kann man in seltenen Fällen den Schnitt nicht so wählen, daß seine Lage einem der Werte x : l in der Tabelle entspricht, so schalte man die Zwischenwerte von $\mathfrak{m}$ ein unter Benutzung der in der Spalte vor $\mathfrak{h}$ stehenden Unterschiede Δ_l und Δ_r; die Δ_l gelten für die Zahlen $\mathfrak{m}$ links, die Δ_r für die Zahlen rechts von den fettgedruckten.

Anwendung der Ergebnisse, Beispiel.

Beispiel. Für die beiden Kernpunkte im Schnitte t — t des Gewölbes in Fig. 7 sollen die Momenten-Einflußlinien nach dem vorstehenden Verfahren ermittelt werden. Hier seien nur ihre Ordinaten im Schnitte selbst und unterm Gewölbescheitel berechnet; alle anderen finden sich in gleicher Weise. Man hat:

$c = {}^1/_3 f = 1{,}28$ m; $r = {}^4/_{15} \cdot f = {}^4/_{15} \cdot 3{,}83 = 1{,}02$ m,

oberer Kernpunkt:

$$y = + 0{,}49 \text{ m}, \quad \frac{y}{r} = 0{,}481,$$

unterer Kernpunkt:

$$y = + 0{,}25 \text{ m}, \quad \frac{y}{r} = 0{,}245.$$

Die Lage des Schnittes t — t ist gekennzeichnet durch $x : l = 10{,}035 : 20{,}07 = 0{,}5$; für

$$\alpha = 0{,}5 \text{ und } x : l = 0{,}5$$

ist demnach aus der Tabelle zu entnehmen:

$$\mathfrak{m} = + 0{,}07030, \quad \mathfrak{h} = 0{,}03516.$$

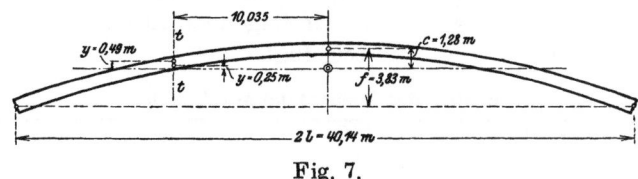

Fig. 7.

Somit wird für den oberen Kernpunkt:

$M = P \cdot 40{,}14 \cdot (0{,}07030 - 0{,}03516 \cdot 0{,}481)$
$ = P \cdot 40{,}14 \, (0{,}07030 - 0{,}01687)$
$ = + P \cdot 40{,}14 \cdot 0{,}05343$
$ = + 2{,}146$ m t für $P = 1$ t.

Für den unteren Kernpunkt ergibt sich:

$M = + 2{,}475$ m t für $P = 1$ t.

Steht die Last P im Gewölbescheitel, so ist $\alpha = 0$, damit

$$\mathfrak{m} = \pm 0, \quad \mathfrak{h} = 0{,}0625;$$

somit wird für den oberen Kernpunkt:

$M = P \cdot 40{,}14 \cdot (0 - 0{,}0625 \cdot 0{,}481)$
$ = - P \cdot 40{,}14 \cdot 0{,}03007$
$ = - 1{,}207$ m t für $P = 1$ t;

und für den unteren Kernpunkt folgt:
$$M = -0{,}614 \text{ m t für } P = 1 \text{ t}.$$

Das positive Vorzeichen zeigt an, daß in dem untersuchten Schnitte ein Moment gleichen Sinnes entsteht wie im Balken auf 2 Stützen, das also oben (außen) Druck, unten (innen) Zug erzeugt.

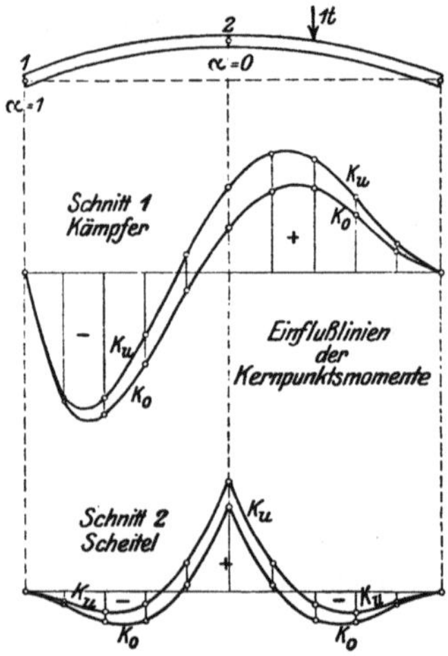

Aus den oben gegebenen Erläuterungen des Verfahrens und aus den angeführten Beispielen geht ohne weiteres hervor, in wie einfacher Weise sich die Ordinaten der Einflußlinien berechnen lassen; zweckmäßig ist es dabei natürlich, sie in Tabellenform zusammenzustellen. Für einige weitere Querschnitte sind die Einflußlinien in Fig. 8 aufgezeichnet, ihre Ordinaten in der folgenden Zusammenstellung beigefügt.

Fig. 8.

Ordinaten der Momenteneinflußlinien:

Kernpunkt:	$x : l = 1{,}0$ Kämpfer		$x : l = 0$ Scheitel	
	oben	unten	oben	unten
$\alpha = +1{,}0$	-0	-0	-0	-0
$+0{,}8$	$-2{,}49$	$-2{,}39$	$-0{,}233$	$-0{,}172$
$+0{,}6$	$-2{,}73$	$-2{,}41$	$-0{,}574$	$-0{,}380$
$+0{,}4$	$-1{,}75$	$-1{,}20$	$-0{,}558$	$-0{,}228$
$+0{,}2$	$-0{,}36$	$+0{,}36$	$+0{,}116$	$+0{,}554$
$+0{,}0$	$+0{,}86$	$+1{,}64$	$+1{,}650$	$+2{,}130$
$-0{,}2$	$+1{,}56$	$+2{,}29$	—	—
$-0{,}4$	$+1{,}62$	$+2{,}17$	—	—
$-0{,}6$	$+1{,}12$	$+1{,}44$	—	—
$-0{,}8$	$+0{,}40$	$+0{,}50$	—	—
$-1{,}0$	$+0$	$+0$	-0	-0
$y =$	$-2{,}39$ m	$-2{,}71$ m	$+1{,}37$ m	$+1{,}17$ m

e) Über die Anwendbarkeit des vorstehenden Verfahrens.

Die **Hauptgrundlage** des im **vorstehenden** angegebenen **Verfahrens** zur Aufzeichnung von Einflußlinien für die Biegungsmomente eingespannter Bögen bildet die **Voraussetzung einer parabolischen Bogenachse**. Ganz genau wird diese Voraussetzung wohl nur ganz selten zutreffen; denn da es bei allen Bögen, und in ganz besonderem Maße bei Steingewölben, zweckmäßig ist, sie nach der Stützlinie zu formen, so wird ihre Achse meist mehr oder weniger von der Parabel abweichen. Denn diese setzt ja eine ganz gleichmäßige Verteilung der Lasten voraus, die in Wirklichkeit nur höchst selten vorhanden ist. Bei der Benutzung der vorstehend gegebenen Tabellen muß man sich deshalb stets Rechenschaft darüber geben, wie weit man sich den gemachten Voraussetzungen nähert. Zahlenmäßige Anhalte hierfür hat der erste Abschnitt gebracht; hier seien nur die verschiedenen Einflüsse nochmals kurz besprochen.

Die wirkliche Gewölbeform nähert sich der Parabel um so mehr, je flacher das Gewölbe ist, und je weniger sich das Gewicht des Überbaues (der Übermauerung und Überschüttung, der Fahrbahntafel und ihrer Abstützung gegen den Bogen) vom Scheitel nach dem Kämpfer hin ändert. Diese letzte Bedingung wird ja zum Teil durch die erste schon mit erfüllt. Ihr wird ferner um so mehr entsprochen, je höher die Fahrbahn über dem Gewölbe liegt, je mehr sich also das Verhältnis der Überbauhöhe im Scheitel zur Überbauhöhe im Kämpfer der Einheit nähert. Endlich trägt es zur Erfüllung der genannten Bedingungen wesentlich bei, wenn der Überbau im ganzen möglichst leicht im Vergleich zum Gewölbe selbst gehalten ist, wenn er also, wie zumeist bei Eisenbetongewölben, aus einer Fahrbahntafel auf Säulen besteht. Besonders günstig wird es dann, wenn er, wie das viele Ausführungen zeigen, noch dazu im Scheitel massiv gehalten ist. Wie sich der Einfluß der verschiedenen genannten Umstände auf die Bogenform zahlenmäßig äußert und ausdrücken läßt, das ist im ersten Abschnitte erörtert worden.

Mit Rücksicht auf die in der Einleitung angeführten Gründe für die Unsicherheit in der Berechnung eingespannter Bögen und insbesondere eingespannter Gewölbe kann man wohl sagen, daß das im vorstehenden angegebene Verfahren, wenn die gemachten Voraussetzungen nur einigermaßen zutreffen, wohl brauchbar ist zur Untersuchung und zur Bemessung von eingespannten Bögen. Aber auch für alle diejenigen Fälle, in denen keine besondere Genauigkeit notwendig ist, vor allem für alle Überschlagsrechnungen, bietet es ein gutes und bequemes Hilfsmittel zur Ermittlung der Biegungsmomente in eingespannten Gewölben infolge beliebiger Verkehrslasten. Selbst wenn die Stützlinie von der Parabel etwas erheblicher abweicht, liefert es doch immer noch zutreffendere Ergebnisse, als wenn man das Gewölbe nur als Dreigelenkbogen untersucht. Entsprechend seiner beschränkten Anwendbarkeit und Genauigkeit kann man das vorstehende Verfahren nur zur Aufzeichnung der Einflußlinien für Verkehrslasten benutzen. Die ständigen Lasten und die Temperaturschwankungen sind hier nicht behandelt; auf diese ist im ersten Abschnitte über Stützliniengewölbe schon mit eingegangen.

MIX
Papier aus verantwortungsvollen Quellen
Paper from responsible sources
FSC® C105338

If you have any concerns about our products,
you can contact us on
ProductSafety@springernature.com

In case Publisher is established outside the EU,
the EU authorized representative is:
**Springer Nature Customer Service Center GmbH
Europaplatz 3, 69115 Heidelberg, Germany**

Printed by Libri Plureos GmbH
in Hamburg, Germany